하 비 디 자 인

하비디자인

초판 1쇄 인쇄 2014년 8월 20일
초판 2쇄 발행 2014년 8월 30일

지은이 | 하비디자인 스튜디오
발행인 | 정상우

디자인 | 석운디자인
인쇄 · 제본 | 두성 P&L
용지 | 진영지업사(주)

펴낸곳 | 라이팅하우스
출판신고 | 제2014-000184호(2012년 5월 23일)
주소 | 서울시 마포구 새창로 11 공덕빌딩 1102호
주문전화 | 070-7542-8070 팩스 | 0505-116-8965
이메일 | book@writinghouse.co.kr
홈페이지 | www.writinghouse.co.kr

ISBN 978-89-98075-10-1 (13590)

하비디자인 스튜디오 지음

라이팅하우스

CONTENTS

내 손으로 만드는 삶의 기쁨
공간을 꾸미는 소박한 즐거움

이것은 한 권의 수첩으로부터 시작된 이야기입니다.

제품 디자이너인 저는 어느 날 서점에 들러 요리책을 보다가 '제품 디자인도 요리처럼 레시피가 있으면 어떨까?' 하고 생각했습니다. 재료 선별부터 조리까지의 과정들이 디자인과 무척 닮아 있다는 것을 깨달았던 것이죠. 요즘은 요리를 취미로 하시는 분들이 많고, 저 역시 간단한 요리들은 요리책을 펼쳐 놓고 직접 해 먹습니다. 인테리어 소품도 이렇게 만드는 과정을 레시피처럼 제공해 주면, 누구나 쉽게 자신만의 물건을 만들어 볼 수 있을 것 같았습니다. 몹쓸 직업의식이 또 발동하고 만 것이죠. 비록 공장에서 만들어지는 브랜드 제품처럼 세련되지는 않더라도, 자신과 사랑하는 사람들을 위한 따뜻한 제품들이 많이 탄생할 것 같았습니다. 그래서 '우선 나부터 한번 만들어 보자! 그 다음에 만드는 과정을 인터넷으로 공유하자.' 하고 결심했습니다. 디자인이 직업이다 보니 저에게는 새로운 아이디어가 떠오를 때마다 간략한 제품 스케치와 함께 어떤 재료로 어떻게 만들지를 메모해 둔 오래된 수첩이 있었습니다. 하지만 생각을 직접 행동으로 옮기기란 결코 쉽지 않더군요. 게다가 저에게는 이미 뼈저린 실패의 경험도 있었습니다(그 이야기는 차차하기로 하고⋯⋯). 이처럼, 만드는 것은 재미있을 것 같은데 만들지 못할 이유는 너무나 많았습니다. 시간과 공간, 금전적인 면에서 항상 걸림돌이 있었기 때문이죠.

언젠가는 해야지, 하는 막연한 다짐과 계획만 간직한 채 그렇게 시간이 흘러갔고, 직장인의 삶에 익숙해지다 보니 점점 처음의 계획과 다짐들이 무뎌져 가더군

MAGNET IN CONCRETE
CLIP
PENCIL
ROTATION
CONCRETE
GLAS BOTTLE
TOGGLE SWITCH
CONCRETE
SWING
PLANT
CONCRETE
CONCRETE
PINE WOOD
CONCRETE
PENDULUM
CABLE TIES
ELECTRIC WIRE
SOCKET
BULB
ROPE DYED
LABORATORY TRIPOD
CANDLE
CONCRETE
CONCRETE
KEY
SOCKET
Ow
LUMINOUS BULB
CONCRETE ALARM
CONCRETE

요. 디자인이 좋아서 디자이너가 되었기 때문에 누구보다 열정적으로 일했지만 시간이 지나면서 점점 삶의 권태로움에 빠지게 된 거죠. 숨 가쁜 일상이 끝나고 잠시의 여유라도 생길라치면 또다시 돌아올 한 주를 위한 휴식이 간절할 뿐이었습니다. 주말에 무엇을 한다는 것 자체가 불필요한 일이나 사치로 여겨졌죠. 그러던 어느 날 지인들과의 술자리에서 이런저런 이야기를 나누다가 각자 주말에 어떻게 지내는지가 화제에 올랐습니다. 저는 그냥 쉬기에도 바빴는데, 다른 친구들은 자전거, 수영, 테니스, 사진, 등산, 가죽공예 심지어 스윙댄스까지…… 각자의 확실한 취미가 있더라고요. 그리고 그 취미를 위해서 모든 투자를 아끼지 않았습니다. 저로서는 고작 취미일 뿐인데 시간과 돈, 에너지를 그렇게까지 쏟아부어야 하는지 잘 이해가 되지 않았습니다. 그런데 신기하게도 취미 이야기를 할 때의 그들에게서는 직장 이야기를 할 때의 암울했던 표정들이 감쪽같이 사라지고 없었습니다. 눈에서는 빛이 났고, 표정은 생생하고 풍부해졌습니다. 그러니까 그들은 정말 즐겁고 행복해 보였습니다.

그 순간, 오랫동안 잊고 지냈던 제 몸 안의 기억이 꿈틀거렸습니다. 순수한 그들의 모습을 보니 어느새 제 마음도 스스로 재미를 찾고 몰두했던 때로 돌아가고 있었습니다. 불현듯 디자인 레시피의 계획들이 생각났습니다. 그 길로 집에 돌아와 책장 어딘가에 팽개쳐 놨던 수첩을 다시 꺼내 보았습니다. 직접 만들기에는 실현 불가능한 아이디어들이 많았지만 대략 100여 개 정도의 아이템들이 있었습니다. 남의 일기를 훔쳐보듯 한 장 한 장 넘겨가며 새로운 재미를 느꼈죠. 지금 보니 다소 허황된 아이디어에는 피식 웃기도 했습니다. 그 안의 스케치를 보니 예전에 느꼈던 흥분이 어렴풋이 되살아나기 시작했습니다.

어렸을 때부터 그리거나 만드는 걸 좋아해서 디자이너를 꿈꿨는데 정작 직업인이 되고 나서는 직접 손으로 만들고 경험하며 배우는 즐거움을 완전히 상실해 버린 듯했습니다. 돈과 맞바꾸기 위한 '상품'이 아니라, 소박하더라도 자신의 힘으로 만든 '공작품'을 만들어 보고 싶었습니다. 거창하게 의미를 부여하자면, 브랜드에 종속된 삶에서 벗어나 좀더 주체적인 삶을 찾고 싶었다고 할까요? 공방에 찾아온이에게 "그건 파는 물건이 아니오." 하고 단호히 말하는 장인의 모습이 잠시 머릿속을 스쳤던 것도 같습니다. 팔리는 물건만 고민하던 제품 디자이너가, 주말만 되면 안 팔리는 물건 만들기를 취미로 갖는다? 그 모습을 상상하자 머릿속 엔진이 본격적으로 가동하기 시작했습니다.

우선은 잊고 있던 일기를 다시 쓰는 것처럼, 새로운 아이템이 생각날 때마다 다시 낡은 수첩에 더해가기 시작했습니다. 평소 디자인 잡지나 해외 디자인 블로그를 통해 접한 새로운 아이디어와 기술을 응용하면서, 스케치와 함께 제작 과정에 대한 고민까지 메모했습니다. 이렇게 아이디어를 차근차근 쌓다 보니 당장 실현 가능한 아이템들이 여럿 준비되었습니다. 그리고 마침내 실현해 보기로 결심했습니다. "컴퓨터로만 디자인할 것이 아니라 내 손으로 직접 만들어 보는 거야!" 그러자 다시 현실적인 문제들이 닥쳐오기 시작했습니다. 과거의 실패를 되풀이하지 않기 위해서는 좀더 치밀한 계획을 세워야 했습니다. 그러자면 오랫동안 지속적으로 즐길 수 있도록, 삶의 한 부분을 취미의 영역으로 만들어야 했습니다. 또한 이 취미의 영역이 너무 커져서 일상생활을 유지하는 데 부담을 주어서도 안 되었습니다. 여러 가지 제약들을 극복할 수 있는 해결책을 찾다 보니, 크게 다섯 가지 조건이 만들어지더군요.

첫째, 혼자서 작업하기에는 한계가 있으니 동료를 모으자
직장 생활을 하고 있었기 때문에 혼자 모든 것을 다 하기에는 시간적, 금전적 여유가 부족했습니다. 모든 과정을 혼자서 채우려 한다면 취미가 아닌 일이 될 것 같았습니다. 삶의 또 다른 재미를 찾기 위해 시작한 일인데, 취미가 삶의 전부가 되어 일상을 망치게 할 수는 없었죠. 누군가의 도움이 필요했습니다. 분업을 통해 시간과 부담을 나누고, 공유하는 방법이 이상적이었습니다. 물리적으로도 혼자 작업하기에는 한계가 있었습니다. 예를 들어서 제작 과정을 기록하는데 팔이 네 개가 아닌 이상, 옆에서 사진을 찍어 줄 누군가가 필요했거든요. 또한 무엇을 하든 서로 의지하며 함께 기뻐할 동료가 있다면 어떠한 난관도 이겨낼 수 있을 것 같았습니다.

둘째, 작업실을 구해서 아지트처럼 만들자

무엇보다 마음 편히 작업할 수 있는 공간이 필요했습니다. 각자의 생활을 유지하면서도 공동의 취미를 즐길 수 있는 삶의 교집합 같은 곳 말이죠. 이러한 공간이 생긴다면 물리적인 제약 없이 자유롭게 작업할 수 있을 것 같았습니다. 모두의 공간이라는 인식이 좀더 주체적인 활동을 가능하게 만들었어요. 또한 작업실이 구심적 역할을 하여 갑자기 누군가 일이 생겨 불참하게 되더라도 공동의 프로젝트는 지속할 수 있었습니다. 무엇보다 여러 가지 작업을 하다 보면 쓰레기가 쌓이고 지저분해질 텐데, 마음 놓고 어지럽히며 작업할 수 있는 환경이 필요했어요.

셋째, 일상생활에 무리가 없도록 주말에만 작업하자

아무리 강한 의지와 열정을 가지고 있더라도 오랜 시간이 지나면 결국 무뎌지기 마련이죠. 즐거운 취미를 지속하고 싶은데, 너무 큰 에너지를 쏟다 보면 언젠가는 제 풀에 지쳐 그만 둘 것 같았습니다. 각자의 생활이 있는데 취미의 영역이 너무 커져서, 이를 방해하는 것은 지양해야 했죠. 무엇보다 취미가 일로 변질되어 스트레스가 되는 것은 미리 방지해야 했습니다. 그래서 생활에 무리가 되지 않는 범위 내에서 주말에만 모여 작업하기로 정했어요. 의식을 행하듯 일주일에 한 번씩만 말이죠. 그럼으로써 사물을 디자인하고 직접 만드는 행위를 풍요로운 삶을 위한 우리만의 '리츄얼(ritual:의식)'로 발전시키기로 했습니다.

넷째, 아이디어는 한 주에 하나씩 완성시키자

일이 아닌 취미이기 때문에 무엇보다 개인의 자율성이 중요했어요. 하지만 목적의식이 없다면 언젠가는 흐지부지되어 버릴 것 같았습니다. 즐거움과 재미를 지속할 수 있는 최소한의 마감 시간이 필요했죠. 그래서 매주의 목표와 시간 계획을 세웠습니다. 그리고 되도록 하루 안에 끝낼 수 있는 아이템을 선정했습니다.

게임 속 미션을 클리어하듯 한 주에 하나씩 아이디어를 현실화시키기로 했습니다. 처음에는 쉽지 않았지만 시간이 지나고 능률이 오르자, 이 약속은 작업이 늘어지지 않게 긴장감을 유지시켜 주는 장치가 되어 주었습니다.

다섯째, 무엇보다 즐기자

'자신의 손으로 직접 만드는(DIY:Do It Yourself)' 행위는 누군가가 시켜서 억지로 하는 것이 아니라, 자신의 의지와 흥미에서 우러나오는 공작정신(工作精神) 아래에서 가능합니다. 작업 과정에서 조금이라도 즐겁지 않고 재미를 느끼지 못한다면 어떠한 의미도 찾을 수 없겠죠. 작업을 가능하게 만드는 그 어떤 물리적인 요소를 갖춘다고 한들, 정작 본인이 즐기지 못하면 지속할 수 없습니다. 삶의 주체성을 갖기 위해 시작한 일인데, 억지로 강요받는 것만큼은 피하고 싶었어요. 무엇보다 자신이 하고 싶어하는 일인 만큼 누구보다 즐기고 싶었습니다.

동료를 구하다

다섯 가지 조건 중 그 무엇보다 지향하는 바를 공유하고 응원해 줄 동료를 찾는 일이 중요했어요. 그런데 과연 누가 함께해 줄지 걱정이 되었습니다. 어떠한 이익도 없이 주말마다 자기의 시간과 노동력을 투자해야 하는데, 즐기는 마음 없이는 너무나 귀찮고 비효율적인 일이거든요. 더욱이 매달 자신의 사비까지 털어넣어야 했습니다. 저 또한 머릿속에 구상만 해봤지, 이를 가시화시킨 결과물은 전혀 없었기 때문에 계획을 구체적으로 전달할 방법도 없었습니다. 결국 아무것도 없이 백지만 들고 누군가를 설득해야 했죠. 아무래도 가장 먼저 떠올렸던 사람은 예전에 멋모르고 창업했을 때 함께 동고동락했던 선배였습니다. 굳이 많은 설명을 하지 않아도 가장 잘 이해해 줄 수 있는 동료였죠(이 선배와 함께한 시간들은 에피소드1에 잘 나와 있습니다). 하지만 그 선배는 이미 자기 일을 찾아 서울을 떠나 낙향한 후였습니다. 아쉽지만, 주말마다 기차 타고 올라와서 함께하자고 할 수는 없었습니다.

그러던 어느 날, 대학 동창 모임에 나가 회포를 풀 기회가 있었어요. 각자 어떻게 살고 있는지, 서로의 즐거움과 고민에 대해 많은 이야기를 나눴죠. 그중 사진 찍는 것을 좋아하는 친구가 있었습니다. 평소 친하게 지내는 사이라 부담없이 말했습니다.

"내가 지금 구상하고 있는 게 있는데, 생활에서 쓰이는 다양한 소품을 디자인하고 직접 만들어 보는 거야."

"왜? 그냥 사면 안 돼? 귀찮게 뭘 만들어?"

"응. 사면 안 돼. 직접 만들어야 해. 그 과정을 멋지게 정리해서 공개하고, 누구나 쉽게 따라해 볼 수 있도록 블로그에 게시할 거야."

"귀찮을 것 같은데. 근데 그게 왜?"

"응. 앞으로 너도 같이 할 거니까."

그 친구는 흔쾌히 참여하겠다고 의사를 밝혔습니다. 제게는 휴대폰에 달린 카메라가 전부였는데 친구한테는 DSLR이 있어서, 촬영 장비까지 해결할 수 있었으니 일석이조였죠. 든든한 동료가 생겼습니다. 그때, 옆에서 이야기를 듣고 있던 또 다른 친구도 같이하고 싶다고 했어요. 그 친구의 취미는 프라모델 만들기였어요. 손재주가 좋아서 가끔씩 피규어도 직접 만들어 보는 친구였습니다. 제작에 관해서는 제가 모르는 재료나 방법에 대해 폭넓은 지식을 갖추고 있었어요. 그 친구의 또 다른 취미는 스윙댄스였는데, 작업하다 힘들 때면 같이 춤추면 될 것 같았습니다.

이렇게 생각보다 쉽게 함께할 동료를 구했습니다. 뭐든지 시작하기 전이 힘들지, 막상 실행하고 나면 생각만큼 어렵지 않았어요. 동료가 생기니 걱정과 두려움, 귀찮음으로 둘러싸인 마음의 벽을 넘어서기가 훨씬 수월해졌습니다. 그 다음부터 우리는 본격적으로 우리만의 아지트를 찾아 나섰습니다.

아지트를 만들다

친구들과 의기투합한 후, 앞으로 함께할 공간을 알아봤습니다. 지금껏 살면서 임대계약 한번 해본 적 없었기에 모든 것이 낯설었죠. 일단 인터넷으로 뒤져서

부동산을 알아보고 있었습니다. 하지만 원하는 위치에 저렴한 비용으로 작업실을 얻기란 쉬운 일이 아니었습니다. 제각각 서울 반대편에 살고 있었기 때문에 구심점이 될 만한 위치가 애매했습니다. 슬슬 걱정이 되기 시작했어요. 부담 없이 주말에만 나와서 가볍게 작업을 즐기면 된다고 꾀어 놓았는데, 집이 너무 멀면 귀찮다고 안 나올 것 같았거든요. 어떻게든 서울 안에서 작업실을 구해야 했습니다.

주말마다 발품을 팔며 부동산을 알아봤습니다. 그러던 중, 우연히 모든 조건을 충족시키는 이상적인 장소를 발견했습니다. 그것도 서울 한복판에서 말이죠. 임대비도 매우 저렴했어요. 청계천이 마주 보이는 세운청계상가였습니다. 근처에는 종로3가역, 을지로3가역, 을지로4가역이 있어 교통도 매우 편리했죠. 더욱이 주위에는 청계천, 을지로 상가가 밀집되어 있어 DIY 재료를 쉽게 구할 수 있었습니다.

세운청계상가. 을지로와 청계천을 지나칠 때마다 보던 낡고 기다란 건물이었어요. 검색해 보니 1960년대 국내 최초의 주상복합건물로 완공되었고, 국내 유일의 전기, 전자 종합상가로 한때 호황을 누렸던 장소였어요. 전기 · 전자 관련 모든 상품을 구비하여 지방에서까지 전자제품을 구매하기 위해 이곳을 찾았을 정도라고 하네요. 지금은 건물도, 상권도 많이 노후되어서 노래방 기계나 오락기, 각종 소형 가전제품, 조명 등을 취급하는 상가들이 모여 있어요. 외관은 마치 영화 〈중경삼림〉에 나오는 오래된 건물 같았죠. 몇 년 전, 주변 구역과 함께 통합

개발하기 위해 세운상가 철거 작업을 시작하려 했으나 부동산 경기 침체로 개발 관심이 낮아져서, 이후 사업이 중단된 상태였습니다. 그래서 임대비가 매우 저 렴했어요.

지금은 상권이 무너져 많이 쇠락했지만, 입주자 대부분이 이곳에서 30~40년 종 사해온 분들이라 장인 같은 느낌을 받았습니다. 세운상가에서는 무엇이든지 만들 수 있다는 자부심이 있으셨거든요. 예전에 청계천 일대 상가들이 힘을 모으면 탱

크도 만들 수 있다는 소문을 들은 적이 있었는데, 앞으로 우리가 하려는 다양한 DIY 공작 생활에도 큰 도움이 될 것 같았습니다.

건물 안으로 들어갔습니다. 작업실은 8층에 있었어요. 엘리베이터 문이 열리자 독특한 건물 내부가 펼쳐졌습니다. 기다란 복도 가운데에 두 개의 작은 아트리움이 있는데, 5층부터 8층까지 틔어 있어서 자연광으로 건물을 밝히고 있었습니다. 복도를 마주 보며 수많은 방들이 각자의 문을 가지고 오밀조밀 모여 있었죠. 그중 한 문을 열어 안으로 들어갔습니다. 그곳이 앞으로 우리가 사용하게 될 비밀 아지트였습니다. 시설은 낡았지만 장판과 벽지가 새로 교체되어 있어서 생각보다는 깔끔했어요. 5평 정도의 작은 공간이었지만 작업실로 쓰기에는 충분했습니다. 무엇보다 마음에 들었던 점은 한쪽 벽면이 커다란 창문으로 되어 있어서, 햇살이 방 안을 가득 비춘다는 점이었습니다. 창 밖으로 도심 풍경이 멋지게 펼쳐져 있었어요. 서울 한복판에 위치한 오래된 건물들과 저 멀리 보이는 고층 빌딩들의 오묘한 조화. 마치 과거와 현재가 공존하는 느낌이었습니다. 오른편에는 청계천이 내려다보였죠.

드디어 우리만의 아지트가 생긴 거였어요. 너무나 흥분됐습니다. 어떻게 꾸밀까 고민했죠. 우선 공간에 맞춰 필요한 가구를 들이기 시작했어요. 임대계약이 일 년

짜리였기 때문에, 부피가 큰 가구보다는 조립식 가구가 나중에 옮기기에도 편했죠. 되도록이면 상판과 다리가 분리되는 책상을 알아보고, 중고로 구매했어요. 어차피 작업용으로 마음 편히 사용할 것인데, 굳이 새것을 살 필요는 없었습니다. 작업에 필요한 도구와 재료를 정리할 선반도 알아봤어요. 직접 나무를 재단하여 만들어 보고 싶었지만, 오래된 건물이라 벽이 울퉁불퉁해서 선반을 매달 수가 없었습니다. 그래서 분리가 가능한 조립식 철제 책장으로 대체했어요. 남향이라 낮에는 햇살이 매우 눈부셨기 때문에, 창문에는 블라인드를 설치했습니다. 각도 조절로 자연광의 강약을 조절할 수 있기 때문에, 촬영할 때에도 요긴하게 쓰였죠.

가구가 많지는 않았지만 5평 정도의 작은 공간이었기 때문에, 나름 작업 동선을 생각해서 책상을 배치해야 했어요. 창가 쪽에는 촬영을 할 수 있는 공간을 마련했습니다. 만드는 과정이나 결과물을 촬영할 수 있게 말이죠. 무엇보다 창문으로 들어오는 자연광을 충분히 이용할 수 있었습니다. 그 옆에는 서로 마주 볼 수 있게 큰 책상을 배치했어요. 마음껏 어지르며 작업할 수 있는 공간이죠. 대부분의 실제 작업은 여기에서 이루어집니다. 제작 중간마다 옆에 있는 책상으로 옮겨서 과정을 촬영하는 거죠. 작업 공간 뒤쪽에는 컴퓨터 작업을 할 수 있는 책상을 두었어요. 여기에서 3D 모델링을 통해 대략적인 디자인 방향을 정한 다음, 이를 도면화 시키는 작업을 합니다.

주말에 모여 첫 작품을 만들다 : 종이컵 티캔들 홀더

아지트를 꾸미고 본격적인 첫 프로젝트에 돌입했습니다. 우선 남대문에 있는 알파문구점에서 가위, 칼, 원형커터, 테이프, 순간접착제, PVC, 포맥스 등 작업에 필요한 기본적인 도구와 재료를 샀어요. 작업 세팅만 마쳤을 뿐이지만, 당장이라도 멋진 결과물이 탄생할 것 같았습니다. 첫 프로젝트라는 기대에 매우 설레고 흥분되었어요. 멋지게 만들어서 만천하에 자랑하고 싶었죠.

수첩에 적어 놓은 여러 가지 아이디어 중에 비교적 난이도가 쉬운 아이템을 선정했습니다. 시멘트를 이용해서 만드는 티캔들 홀더였어요. 적층 구조라서 티캔들과 홀더를 차례로 쌓아서 보관할 수 있게 디자인했죠. 처음 시도하는 터라 제작이 능숙하지 못했기 때문에 어느 정도 실패는 예상했습니다. 재료의 특성 및 도구 사용법에 대해 공부한다는 자세로 작업에 임했어요.

하지만 원하는 형태를 만들기가 쉽지 않았습니다. 처음 디자인 의도는 원뿔 모양의 트로피를 만들어 보려고 했어요. 캔들 홀더를 탑처럼 쌓아서 오브제처럼 보이게 말이죠. 원뿔 중간에 3개의 단을 줘야 했는데, 도저히 해결책을 찾지 못했습니다. 결국 차선책으로 종이컵을 틀로 이용했어요. 원하는 형태는 아니었지만 틀은 완성시켰는데, 그 다음 과정도 문제였어요. 시멘트 반죽을 틀 안에 부어야 하는데, 처음 다뤄 보는 재료라 농도 조절이 힘들었거든요. 반죽을 틀에 붓기 전에, 물과 시멘트의 비율을 조금씩 달리 해서 실험해 봤습니다. 반죽은 요플레보다 살짝 더 걸쭉하게 하면 된다는 것을 알게 되었어요.

시멘트도 다양한 제품으로 실험해 봤는데, 그중 모르타르 시멘트가 가장 이상적이었습니다. 모르타르 시멘트란 시멘트와 모래, 강화제를 일정한 비율로 섞어 놓아 물만 부으면 바로 사용할 수 있는 즉석 시멘트입니다. 작업에는 '헨켈 빨리 굳는 시멘트'라는 제품을 사용했어요. 1kg 소량으로 포장되어 있어 손쉽게 사용할 수 있었죠. 무엇보다 반죽이 10~15분 이내에 경화하기 시작하기 때문에 작업 시간을 단축시킬 수 있었습니다.

시멘트를 사용한 이유는 여러 가지가 있었습니다. 제품을 직접 손으로 만들기 때문에 플라스틱 사출과 같은 매끄러운 면을 만들기 어려웠어요. 하지만 시멘트의 특성상, 러프하고 불완전한 면이 오히려 재질의 느낌을 더욱 잘 살려 줬습니다. 제작 노하우만 조금 익히면 다양한 형태로도 가공이 가능했죠. 또한 주위에서 쉽게 구할 수 있는 재료이기 때문에 누구나 쉽게 따라 만들어 볼 수 있을 것 같았어요.

예상대로 결과물은 매우 엉성하고 부족해 보였어요. 의도했던 형태도 아니었을 뿐더러, 틀 제작에 실수가 있어서 티캔들에 달린 금속을 빼지 않으면 홀더 안으로 초가 들어가지도 않았죠. 첫 프로젝트를 성공하지는 못했지만 우리는 의기소침하지 않았습니다. 처음이니까 당연히 모르고 한 실수가 많았지만, 이러한 과정을 통해 차근차근 배워나간다고 생각했습니다. 그래도 이제는 시멘트의 특성에 대해 어느 정도 감을 익힐 수 있었어요. 이것만으로도 큰 소득이라 생각했죠. 그 다음 주, 다시 친구들과 의기투합하여 시멘트를 이용한 새로운 프로젝트에 도전했습니다. 블로그를 통해 처음 포스팅한 '테트라포드 촛대'였습니다.

생활의 활력을 되찾다

결론은 막상 마음먹고 실행해 보니 생각만큼 어렵지는 않더라는 것입니다. 무엇을 시작하든 스스로의 마음이 가장 큰 벽이었던 것 같습니다. 시작하기도 전에 걱정과 두려움, 귀찮음으로 포기했던 것 같아요. 하지만 그 벽을 넘어서니 쉽더라고요. 재밌고 즐거웠습니다. 서른이 넘어서 난생 처음 임대계약을 해봤고, 공간에 맞게 가구를 들이고, 작업에 필요한 도구와 재료를 샀습니다. 물론 그 과정들이 순탄치는 않았지만 흥분되는 시간이었습니다. 주말마다 아지트에 모여서 마음껏 웃고 떠들며 여러 가지 작업을 했고, 이를 블로그에 올렸습니다. 당초 예상보다 빠르게 많은 분들이 관심을 가져 주시기 시작했고, 이제는 이렇게 책까지 쓰게 되었네요.

블로그를 통해 새로운 인연들과 만나다

하비디자인 블로그를 운영하면서 다양한 분들과 이웃이 되었는데, 디자인 레시피를 보시고 가끔씩 직접 만든 작품 사진을 메일로 보내 주시는 분들이 계세요. 그중 어떤 분께서 후기를 보내 주셨는데 여가 시간이 생길 때마다 취미로 만들어서 여러 가지 아이템을 완성하셨더라고요. 인상적인 부분은 메일의 내용이었는데, "만드는 재미도, 실패하였을 때의 분노도, 그리고 완성되었을 때의 성취감과 기쁨도 너무 좋습니다."라는 후기를 남겨 주셨더라고요. 그 글을 읽고 너무나 기쁘고 감사했습니다. 지금까지의 과정들이 단순히 결과물을 위해 만드는 행위가 아닌, 무엇인가 의미 있는 삶의 일부분이 된 것 같았거든요. 단순히 취미로 시작했던 작업들이 다른 분들과 연결되는 매개가 되어 더 큰 의미를 얻게 되고, 이를 통해 오히려 제가 더 배우고 깨닫게 되었습니다.

＊　＊　＊

이제는 결과보다는 만드는 과정이 더 큰 의미를 갖게 되었어요. 직접 만든 제품들이 조금 투박하고 보잘것없어 보여도, 거기에는 함께했던 시간과 이야기가 있기 때문에 단순한 제품으로 보이질 않았습니다. 너무 멋이 없어서 버리려 하다가도 추억을 간직한 사진 같아서 함부로 대하기가 힘들더라고요. 인생의 작은 트로피가 되어버린 것 같아요. 이 책에 나온 디자인 레시피를 참고하여 똑같은 제품을 만들더라도 각자 만드는 과정에서 분명 다른 의미와 소중함이 생길 것이라 확신합니다. 여러분들도 조금 귀찮고 번거롭더라도 이 책의 레시피를 따라서 한 번쯤 내 삶을 둘러싼 물건들과 소통하는 즐거운 경험을 해보시길 바랍니다. 남이 해주는 요리보다 내가 만드는 요리가 더 재밌고 맛이 있듯이 말이죠. 자! 그럼 이제 본격적으로 디자인을 요리해 볼까요?

HOBBY :D ESIGN

HOBBY :D ESIGN

메모홀더

난이도 : ★☆☆☆☆ 소요시간 : 1시간

———→ 　첫 번째 디자인 레시피는 못과 자석을 이용한 메모홀더입니다. 몸풀기 작업이라고 생각하시면 됩니다. 매우 간단한 아이디어이기 때문에 누구나 쉽게 따라해 보실 수 있어요.

　우연히 길을 걷다가 공사 현장을 보게 되었는데, 바닥에 각목이 뒹굴고 있었어요. 못이 아무렇게나 박혀서 휘어져 있었지요. 그 모양이 뭔가 조형적으로 재미있다고 생각했어요. 각목에서 못이 고개를 배꼼히 내민 모양이 귀엽기도 했고요. 못 머리에 자석을 붙여 놓으면 재미난 요소로 발전시킬 수 있을 것 같았습니다. 아이디어가 결정되자, 작업은 일사천리였습니다. 각재를 사서 정육면체 모양으로 쓱싹쓱싹. 못 한 움큼을 사서 정육면체 나무마다 뚝딱뚝딱. 롱노우즈로 못을 하나하나 휘어 주고, 못 머리 사이즈에 맞는 둥근 자석을 사서 하나씩 찰싹찰싹 붙여 주니, 어느새 완성. 여러 개 만들어서 군집을 이뤄 주니 더욱 귀엽더군요. 사무실 책상에 몇 개 올려 놓고 명함이나 중요한 메모를 붙여 두면 좋습니다.

Materials

1 철못 / 2,800원(1kg)
2 자석(Ø5mm) / 50원
3 니퍼(펜치) / 4,500원
4 롱노우즈 / 2,800원

5 사포 / 500원
6 파인우드 각재(25mm×25mm) / 4,400원
7 망치 / 7,400원
8 톱 / 4,500원

→ 강력자석은 청계천에 있는 대한자석에서 구입했습니다(팁 참조). 검색하면 온라인으로도 다양한 크기의 자석을 구매하실 수 있어요. 철못은 동네 철물점에서 쉽게 구할 수 있습니다.

Process

1 각재를 정육면체(25mm×25mm×25mm)로 자를 수 있게 길이를 맞춰야 해요.

2 4면 모두에 선을 그어 둬야 자르면서 계속 확인할 수 있겠죠?

3 톱을 이용해서 잘라 주세요.

4 자른 단면이 거칠어요. 사포를 이용해서 면을 깔끔하게 정리해 주세요.

5 윗면 중앙에 맞춰서 못을 박아 주세요.

6 롱노우즈를 이용해서 적당한 각도로 구부려 주세요.

7 남자라면…….

8 이렇게 꾸욱 구부렸다가 손 다쳐요.

9 못 머리에 지름 5mm 원형 자석을 하나 붙여 주면 끝!

　제작하기 전에 큰 걱정은 못 머리에 딱 맞는 자석을 구하는 것이었어요. 비율이 어색해 보이지 않는 적당한 크기의 자석을 찾는 게 관건이었죠. 다행히 작업실이 청계천과 가깝기 때문에 근처에 있는 자석 가게에서 직접 눈으로 확인하고 구할 수 있었어요.

　각재는 파인우드를 이용했는데 남대문에 있는 알파문구점에서 구매했습니다. 주로 건축 모형을 만들 때 사용하는 재료인데 사이즈 별로 종류가 다양해요. 길이만 900㎜로 일정하게 맞춰져 있습니다. 꼭 이러한 각재를 이용하지 않더라도 집에 있는 나무를 재활용해 봐도 좋을 것 같아요. 식탁 의자 다리가 네 개이니 조금씩 잘라 보세요. 아무도 눈치채지 못하게요. 하지만 의자가 흔들거린다면 실패.

　일상 속 사소한 아이디어라도 조금만 바꿔 보면 재미난 요소로 발전시킬 수 있습니다. 늘 보는 거라 당연하게 생각하던 것들을 좀더 깊이 관찰하고, 다르게 바라보는 습관을 가져 보세요. 처음에는 쉽지 않지만 그런 습관이 창의력 향상에 도움을 줍니다.

HOBBY DESIGN

클립 홀더

난이도 : ★☆☆☆☆ 소요시간 : 1시간

⟶　　책상 서랍을 열어 보면 클립이나 압정같이 작은 금속 문구류들이 정신 없이 돌아다니더군요. 자석을 이용한 뭔가를 만들어 정리하면 좋겠다는 생각에 인터넷을 검색했습니다. 그때 달걀 형태의 재미난 제품을 찾았어요. 대만 디자이너 'Feng Cheng-Tsung'과 'Wang Bo-Jin'이 디자인한 'Nest' 라는 콘셉트 제품이었습니다. 여러 개의 클립 뭉치가 둥지처럼 알을 감싸고 있는 형상이었죠. 이것을 시멘트로 만들어 보면 어떨까 생각했어요. 그러려면 일단 시멘트를 부을 틀이 필요했는데, 처음에는 석고로 달걀 틀을 만들려고 했습니다. 하지만 석고 틀 제작이 번거롭기 때문에 좀더 쉬운 방법을 고민하다가, 계란 자체를 틀로 써보는 것은 어떨까 생각했습니다. 계란 윗부분을 조금 떼어내어 내용물을 비우고 거기에 시멘트를 채우는 방법이죠. 수술에 임하는 의사의 마음으로 조심스럽게 껍질을 떼어냈습니다. 칼로 여러 번 긁으니 동그란 구멍을 만들 수 있었어요. 시멘트 반죽을 부은 후, 그 안에 강력자석을 쏙 집어넣었습니다. 과연 성공할까 두근거리는 마음으로 굳은 달걀을 이마로 깼을 때, 그 아픔과 쾌감을 지금도 잊을 수가 없군요.

Materials

1 종이그릇 / 1,100원(10개)

2 자석(10mm×10mm×10mm) / 1,000원

3 칼 / 3,100원

4 나무스틱 / 2,500원(1묶음)

5 테이프 / 1,500원

6 클립 / 3,500원(1박스)

7 모르타르 시멘트 / 5,000원

8 계란 / 300원

9 종이컵 / 1,000원(50개)

⟶ 굳이 같은 형태의 강력자석을 사용하지 않아도 됩니다. 계란 안에 들어갈 크기 정도면 어떤 형태든지 상관없어요. 단, 자력이 너무 약해지지 않게 충분한 자석 뭉치를 넣어 줘야 합니다.

Process

1 계란의 윗부분에 테이프를 대고 원을 그려 주세요.

2 라인을 따라 칼로 조심스럽게 껍질을 긁어 냅니다.

3 뚜껑을 떼어낸 후 계란 안쪽을 깨끗이 씻어 내세요.

4 시멘트 반죽을 계란 안에 3/4정도 부어 줍니다.

5 강력자석을 3~4개 정도 이어 붙여서 반죽 안에 넣어 주세요.

6 나무 스틱을 이용해서 시멘트 면을 다듬어 주세요.

7 시멘트가 다 굳었으면 칼로 조심스럽게 틀을 벗겨냅니다.

8 고운 사포로 윗부분 면을 다듬어 주세요.

9 날짜 스탬프로 유통기한을 표시합니다.

달걀 형태만으로는 뭔가 심심해 보여서 날짜 스탬프를 찍어 봤습니다. 날짜가 있으니, 시멘트가 마치 유통기한이 있는 유정란 같아 보이더군요. 사소한 아이디어이지만 차가운 시멘트에도 생명이 깃든 것처럼 따뜻한 느낌이 들었어요. 참, 유통기한을 최대한 길게 설정해 주는 것 잊지 마세요.

계란을 이용하여 누구나 쉽게 만들 수 있는 디자인 레시피이기 때문에 아이들과 같이 만들어 보시는 것도 좋을 것 같아요. 주의할 점은 껍질을 떼어낼 때, 인내심을 가지고 칼로 여러 번 긁어내야 합니다. 너무 힘을 줘서 하다 보면 계란이 깨지기 쉬워요. 시멘트 반죽을 부은 후에는 양손으로 계란을 감싸서 조심스럽게 바닥에 통통 쳐 주세요. 그래야 기포 없이 매끈한 면을 만들 수 있습니다. 시멘트가 다 굳고 칼로 껍질을 떼어낼 때의 두근거림은 말로 설명할 수 없습니다. 절대 이마로는 시도하지 마세요. 이마 깨져요.

자력을 높이기 위해 강력자석(10㎜×10㎜×10㎜) 여러 개를 합쳐서 시멘트 반죽 안에 넣었습니다. 이때 틀 안에 넣은 자석 뭉치가 기울어졌다고 해도 걱정하지 마세요. 오히려 한쪽 면의 자력이 더 강해져서 클립이 잘 붙습니다.

시멘트 명함 홀더

난이도 : ★☆☆☆☆ 소요시간 : 2시간

———→ 시멘트로 만드는 명함 홀더입니다. 단순한 형태이지만 시멘트의 묵직함을 잘 표현할 수 있는 소품이죠. 사무실 책상에 하나쯤 올려 놓는다면, 명함을 꽂아서 명패처럼 활용할 수 있어요.

명함을 꽂는 홈을 곡선으로 만든 이유는 여러 장의 명함을 동시에 꽂을 수 있게 하기 위함입니다. 그러기 위해서는 홈의 폭이 넓어져야 하는데, 한 장만 꽂을 경우는 헐거워질 수 있겠죠. 이를 곡선으로 만들면 종이의 탄성을 이용해서 고정시킬 수 있습니다. 서너 장을 겹쳐 끼워도 문제없어요.

앞으로 시멘트 틀을 제작할 때 포맥스를 주로 사용할 거예요. 포맥스의 정식 명칭은 '열가소성 플라스틱'인데 '압축발포 PVC'라고도 합니다. 가위나 칼로 절단이 용이하고, 순간접착제에 잘 붙기 때문에 건축 모형 만들 때 많이 쓰이는 재료입니다. 가공성이 좋고, 두꺼운 종이보다 내구성도 강하며 물에 젖지 않기 때문에 시멘트 반죽을 부을 틀로는 안성맞춤이죠.

도면은 부록에 있습니다. 조립도를 참고하여 틀을 제작해 보세요.

HOBBY :D ESIGN

Materials

1 칼 / 3,100원
2 나무스틱 / 2,500원(1묶음)
3 종이그릇 / 1,100원(10개)
4 자 / 2,200원

5 순간접착제 / 3,000원
6 포맥스(1mm) / 900원
7 모르타르 시멘트 / 5,000원

⟶ 포맥스는 대형 문구점에서 구할 수 있어요. 시멘트는 '헨켈 빨리 굳는 시멘트' 1kg짜리 가정
용 모르타르를 검색하면 온라인 구매가 가능합니다.

Process

1 부록 도면과 조립도에 맞춰 포맥스를 재단 하세요.

2 잘라낸 포맥스를 순간접착제를 이용하여 고정시키세요.

3 'Part A'를 살짝 휘게 만들어 주세요.

4 이를 틀 안에 고정시킵니다.

5 나머지 부분도 붙여서 틀을 완성하세요.

6 모르타르 시멘트에 물을 섞어서 반죽을 저 어 줍니다.

7 틀에 시멘트 반죽을 붓습니다.

8 반죽 틀을 바닥에 통통 쳐 주세요.

9 시멘트가 다 굳었으면 조심스럽게 틀을 벗 겨냅니다.

HOBBY :D ESIGN

시멘트는 역시 '헨켈 빨리 굳는 시멘트'라는 제품을 사용합니다. 모르타르 시멘트는 주로 벽면이나 바닥면의 마감재로 사용되는데 손쉽게 사용할 수 있는 장점이 있죠. 요즘은 가정용으로 소량 판매하기 때문에 온라인을 통해서 쉽게 구할 수 있습니다. 그중 '헨켈' 제품을 사용하는 이유는 경화 속도가 매우 빠르기 때문이에요. 물을 섞어 반죽을 만들면 10~15분 이내에 경화하기 시작하기 때문에 작업 속도가 빠릅니다. 하지만 이때, 시멘트가 완전히 굳은 상태가 아니기 때문에 틀을 뜯어내면 부서질 수 있어요. 보통 하루나 이틀, 충분히 건조시킨 후에 틀을 제거하는 것이 좋습니다. 시멘트가 굳으면서 더 단단해지거든요.

반죽의 농도는 시멘트 1kg당 약 125cc의 물이 적당합니다. 하지만 작업할 때 이를 매번 측량하기는 귀찮기 때문에 대충 감으로 물 비율을 맞추는 편입니다. 반죽을 만들 때는 계속 저어가며 농도를 요플레보다 살짝 더 걸쭉하게 만드세요.

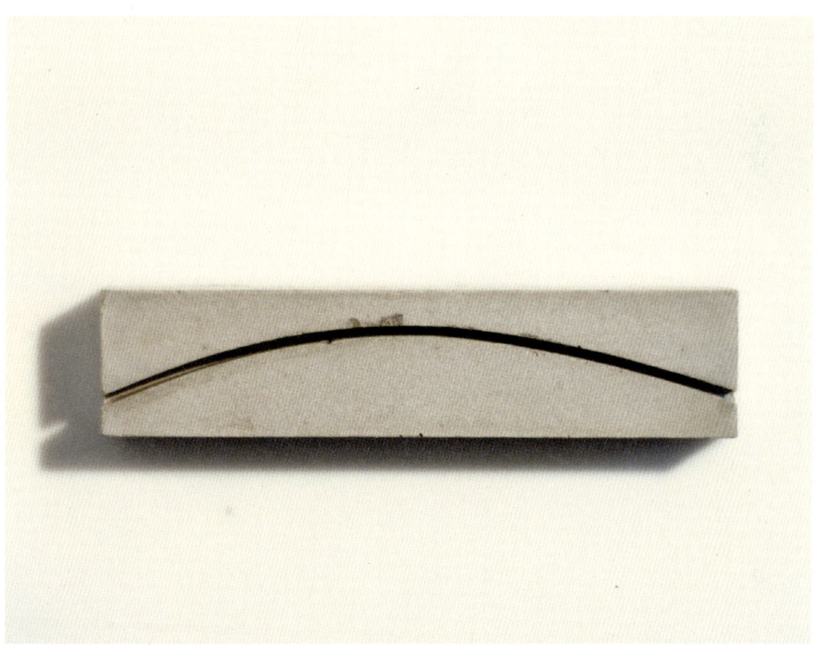

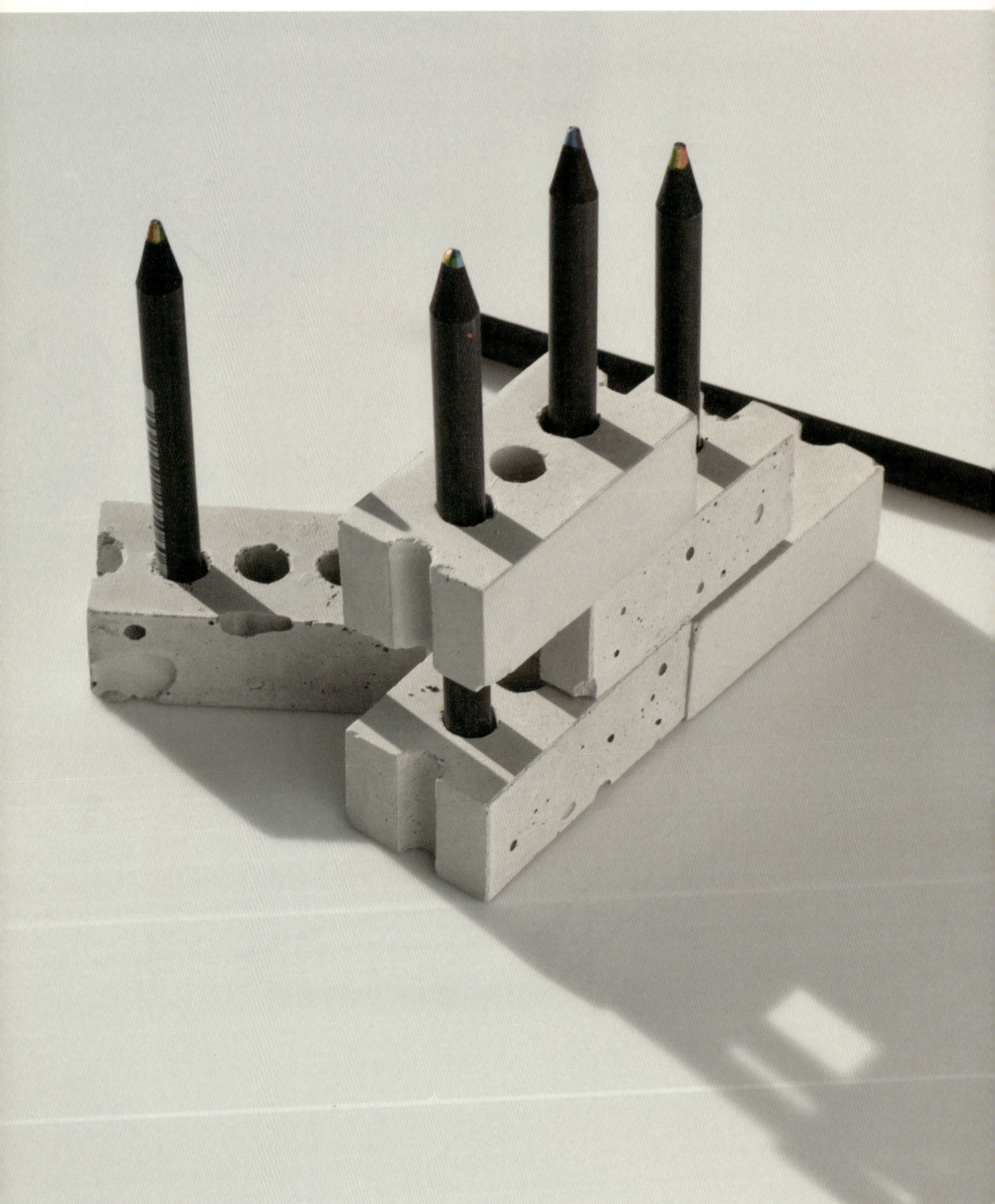

벽돌 연필꽂이

난이도 : ★★☆☆☆ 소요시간 : 3시간

⟶   시멘트 하면 가장 먼저 떠오르는 것이 벽돌이었어요. 작은 형태로 만들기만 해도 재미난 요소로 이용할 수 있을 것 같았습니다. 자연스럽게 뭔가를 쌓는다는 행위를 놀이로 즐길 수 있기 때문이죠. 그래서 처음에는 레고 블록 형태로 만들어 볼까 했어요. 하지만 제작이 만만치 않았습니다. 블록과 블록을 연결시키는 암수 돌기를 만드는 것이 쉽지 않았거든요. 무엇보다 이러한 블록은 여러 개가 같이 있을 때 재미가 커지기 때문에 간단히 제작할 수 있는 방법이 필요했어요. 검색해 보니 실제 벽돌 만드는 방법이 있더군요. 이를 참고하여 하나의 틀로 여러 개의 벽돌을 만들 수 있는 방법을 찾았습니다. 벽돌 구멍은 연필 사이즈에 맞춰서, 그 안에 끼울 수 있게 만들었어요. 연필과 모듈화 되었기 때문에 다양한 형태로 연출이 가능합니다. 연필 개수가 많으면 벽돌 몇 개만 더 이어붙이면 되겠죠. 레고처럼 붙였다 떼었다 형태를 바꿔가며 놀이로 즐길 수도 있습니다.

도면은 부록을 확인하세요.

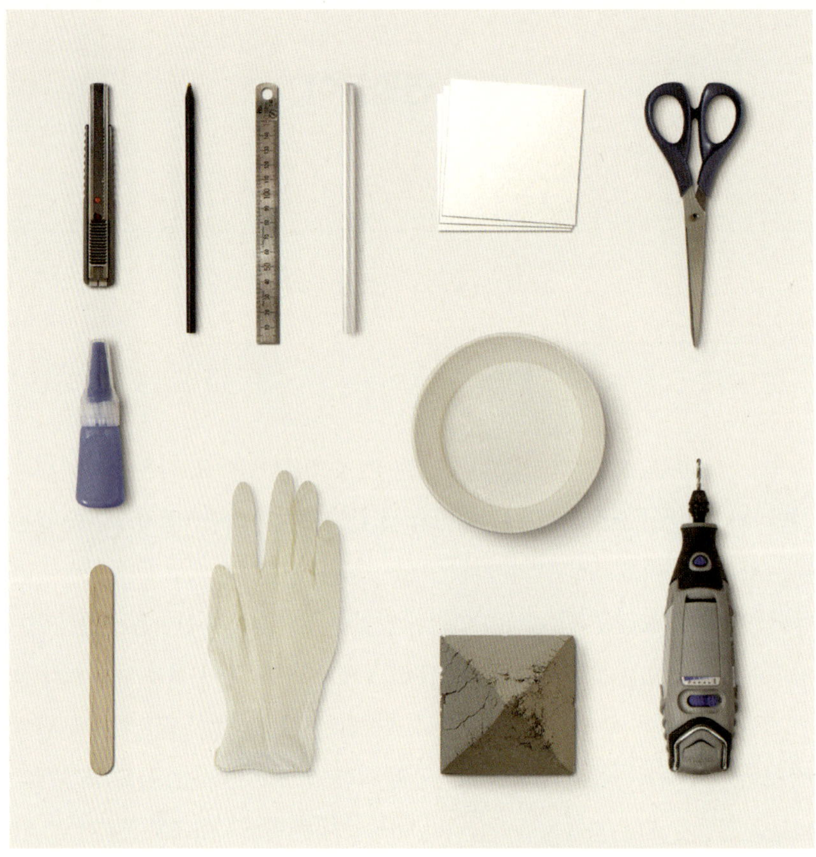

Materials

1   칼 / 3,100원

2   색연필 / 600원

3   자 / 2,200원

4   빨대(Ø9mm) / 2,900원(1묶음)

5   포맥스(1mm) / 900원

6   가위 / 2,700원

7   순간접착제 / 3,000원

8   나무스틱 / 2,500원(1묶음)

9   니트릴 장갑 / 22,300원(1박스)

10   종이그릇 / 1,100원(10개)

11   모르타르 시멘트 / 5,000원

12   드레멜 / 53,000원

→ 니트릴 장갑은 필수적인 도구는 아니지만, 작업할 때 손 오염을 방지해 주는 역할을 합니다. 얇아서 답답하지 않아, 여러 용도로 사용하기 좋은 장갑이에요. 아가미 모델링에서 구매했습니다(팁 참조).

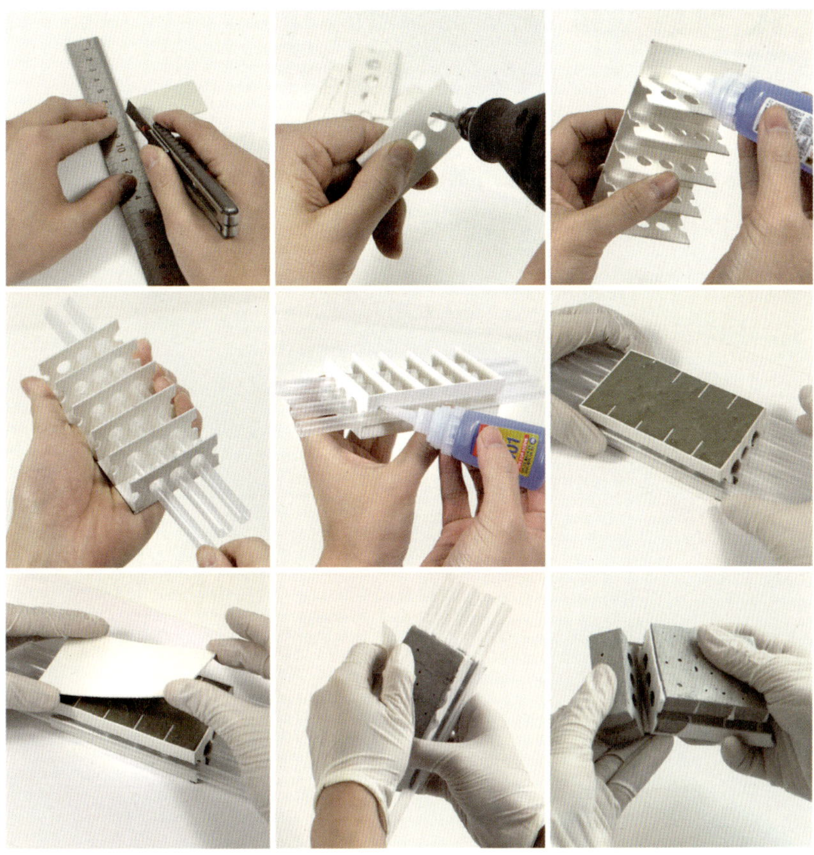

Process

1 도면대로 포맥스를 잘라 줍니다.

2 드레멜이나 드릴을 이용하여 벽돌 모양으로 구멍도 뚫어 주세요.

3 'Part A'에 6개의 'Part B'를 붙여 주세요.

4 지름 9mm의 버블티 빨대를 구멍에 맞춰서 끼워 줍니다.

5 좌우 홈에도 빨대를 붙인 다음, 포맥스를 잘라 옆면을 막아 주세요.

6 시멘트 반죽을 틀에 붓습니다.

7 덮개를 덮어서 눌러 주시는 것이 나중에 분리하기 좋아요.

8 하루이틀 정도 건조시킨 후에 틀을 떼어냅니다.

9 비스킷 쪼개는 마음으로 하나하나 분리해 주면 완성.

여러 개의 유닛을 조합하여 자신만의 재미있는 연필꽂이를 만들어 보세요. 이리 저리 쌓아 보고 허물어 가면서요. 은근히 재밌습니다.

포맥스에 구멍을 뚫을 때, 사용한 장비는 '드레멜'이라는 공구입니다. 다용도 조각기라고 하는데 절단, 연마, 조각에서부터 광택 작업에 이르기까지 다양한 방법으로 활용이 가능합니다. 앞부분에 여러 종류의 액세서리를 간편하게 교체할 수 있어요. 여러 작업에 사용하기 위해 구매했지만 아직까지는 대부분 구멍 뚫는 용으로 사용하고 있습니다.

집에 드릴이 있다면 구멍 뚫는 작업에 이용해 보세요. 여러 장의 포맥스를 뭉쳐서 조심스럽게 구멍을 뚫으면 훨씬 더 간편하게 작업할 수 있습니다. 드레멜이나 드릴 같은 공구가 없으면 칼로 포맥스에 작은 구멍을 만들어서 그 안에 가위를 넣고 여러 번 돌리다 보면 큰 구멍을 만들 수 있습니다.

빨대 대신에 수수깡 같은 원형 막대를 이용해도 좋지만, 나중에 연필을 꽂을 수 있는지 꼭 염두해 두어야 합니다. 지름 9㎜가 가장 이상적인 굵기입니다.

강아지 스피커

난이도 : ★★★☆☆ 소요시간 : 5시간

→ 지인 집에 놀러갔더니 강아지 한 마리를 키우더군요. 상처가 있는지 넥카라를 하고 있었어요. 혀로 핥거나 긁지 못하게 강아지 목에 채우는 플라스틱 깔때기 말이죠. 그런데 낯선 사람이 집안에 들어와서인지 계속 짖어대더라고요. 문제는 넥카라가 확성기 역할을 하는지 소리가 더 시끄럽게 느껴지더군요. 슬슬 짜증이 났어요. 그래서 강아지 스피커를 만들었습니다.

골판지를 이용해서 몸통을 박스 형태로 만들고, 그 안에 스피커를 고정시켰어요. 머리 부분은 넥카라 형태로 디자인해서 소리를 확산시키는 역할을 했죠. 꼬리 부분에는 스피커 잭을 연결하여, 핸드폰이나 노트북에 꽂을 수 있게 만들었습니다. 다리는 코르크 판(10㎜)을 이용했어요. 원형 봉을 몸통에 관통시켜서 반대편 다리와 연결했죠. 앞다리와 뒷다리가 따로 움직이기 때문에 귀여운 연출이 가능합니다. 쓸데없지만 소리 각도를 조절할 수 있어요.

부록의 도면과 조립도를 참고하세요.

Materials

1	양면테이프 / 2,600원	7	가위 / 2,700원
2	자 / 2,200원	8	스피커 모듈 / 1,000원
3	순간접착제 / 3,000원	9	톱 / 4,500원
4	파인우드 원형(Ø10mm) / 1,400원	10	코르크 판(10mm) / 19,810원
5	칼 / 3,100원	12	고무줄(갈색) / 6,400원(1뭉치)
6	절연테이프 / 900원	13	골판지 / 1,440원

⟶ 파인우드 원형, 코르크 판, 고무줄, 골판지는 남대문 알파문구점에서 구매했습니다. 알파 홈
페이지에서도 구매 가능합니다. 골판지는 신발 포장 박스를 재활용해도 좋습니다.

Process

1 도면에 맞춰 'Part B'를 두 개 자릅니다.

2 'Part A' 도면을 참고하여 전개도와 같은 박스를 만드세요.

3 'Part B'의 점선 표시는 겹쳐 붙이는 부분입니다.

4 'Part C'를 그 안에 고정시킵니다.

5 박스 한쪽 면에 표시된 팔각형을 뚫어 준 후, 박스를 접으세요.

6 팔각 구멍에 맞춰서 머리 부분을 붙여 주세요.

7 접착제로 안쪽에 스피커도 고정시킵니다.

8 중앙을 잘 맞춰야 합니다.

9 'Part D'모양으로 코르크 판(10mm)를 4개 잘라 주세요.

10 원형 목봉을 90㎜ 길이로 두 개 잘라 줍니다.

11 순간접착제로 원형 목봉과 코르크 막대를 붙여 주세요.

12 박스 옆면에 표시된 위치에 맞춰서 십자 모양으로 칼집을 내 주세요.

13 박스 안으로 원형 목봉을 밀어 넣어서 반대쪽까지 나오게 끼워 주세요.

14 반대편 목봉에도 코르크 막대를 붙여 주시면 다리 완성입니다.

15 꼬리가 될 스피커 잭에 갈색 고무줄을 감아 주었어요. 두툼해지고 색도 맞추기 위해서죠.

16 박스에 꼬리가 들어갈 구멍을 뚫어 주시고, 스피커 잭을 끼워 주세요.

17 그리고 안에서 스피커 잭과 스피커를 연결합니다.

18 박스를 닫아 고정시키면 완성.

책상 위에 강아지 한 마리 앉혀 놓으세요. 핸드폰이나 노트북에 연결하면 노래를 좀더 흥겹게 들을 수 있습니다. 가끔씩 개 짖는 소리도 나와요.

스피커 모듈은 안 쓰는 스피커를 재활용했어요. 전원이 따로 필요 없기 때문에 핸드폰이나 노트북에 잭만 연결하면 소리가 나오는 제품이었습니다. 인터넷에 무전원 스피커를 검색하면 다양한 제품을 볼 수 있어요. 재활용할 만한 스피커가 없으면 그중 가장 싼 제품을 사서 모듈만 이용해 보는 것도 방법이겠죠. 대부분 스피커와 잭이 연결되어 있는 단순한 구조로 되어 있기 때문에 어떤 제품을 이용하든지 모듈만 쉽게 떼어내서 제작할 수 있습니다.

스피커를 재활용해서 잭을 따로 연결해야 하는 경우에는 '+', '-' 스피커 선을 잘 맞춰야 합니다. 핸드폰에 연결시킨 후, 선을 다르게 접촉해 가면서 소리가 나는지 확인해 보세요. 그 다음 합선이 안 되게 절연테이프로 잘 감아 주면 됩니다.

박스를 만들 때는 'Part A' 도면을 4개 연결해서 한 번에 골판지를 자르면, 나중에 붙이는 수고를 줄일 수 있어요. 부록의 박스 전개도를 참고하면 됩니다.

사운드 독

⟶ 이제 스마트폰은 생활 속 필수 아이템이 되었죠. 아이폰을 시작으로 불어닥친 스마트 광풍은 다양한 스마트폰 주변 기기의 개발로 이어졌습니다. 시장을 바라보면 정말 생각지도 못한 다양한 아이디어 제품들이 쏟아져 나오고 있어요. 이것저것 따라 만들고 싶은 욕구가 샘솟았습니다.

작업실에서 무언가를 만들 때면, 주로 음악을 크게 틀어 놓고 작업을 합니다. 문득 충전 거치대로 이용하면서 확성 시킬 수 있는 장치를 만들고 싶었습니다. 시멘트를 이용해서 말이죠.

아이디어를 가다듬어 형태를 최대한 심플하게 디자인해서 틀을 제작했습니다. 아이폰의 아래쪽에 스피커가 있다는 점을 착안하여, 빈 공간을 만들어서 소리를 증폭시켰죠. 재질이 시멘트라서 그런지 소리 울림이 좋았습니다. 뒷부분에는 작은 구멍을 뚫어서, 충전 잭을 넣으면 아이폰에 꽂을 수 있게 만들었어요. 아이폰을 공중으로 살짝 들어 올리기 때문에 스피커에서 나오는 소리가 바닥에 닿아 묻히는 것을 방지했습니다. 부록의 도면과 조립도를 참고하세요.

Materials

1 가위 / 2,700원

2 종이그릇 / 1,100원(10개)

3 칼 / 3,100원

4 순간접착제 / 3,000원

5 테이프 / 1,500원

6 양면테이프 / 2,600원

7 종이컵 / 1,000원(50개)

8 나무스틱 / 2,500원(1묶음)

9 포맥스(1mm) / 900원

10 투명 PVC판(0.3mm) / 400원

11 모르타르 시멘트 / 5,000원

⟶ 투명 PVC판(0.3mm)은 남대문 알파문구점에서 구매했습니다. 대형 문구점이나 대형 화방 또는 온라인에서도 구할 수 있어요.

Process

1 투명 PVC판을 조립도의 수치에 맞춰 재단해서, 'Part A'에 붙입니다.

2 순간접착제를 이용해서 틈이 없도록 꼼꼼히 붙여 주셔야 합니다.

3 아랫면과 윗면이 틀어지지 않도록 주의해서 작업하세요.

4 나머지 한쪽 면도 순간접착제로 꼼꼼히!

5 다음은 외곽 틀이에요. 조립도의 안내대로 재단한 다음, 말아서 붙여 주세요.

6 이것을 위아래 5mm 정도씩 여유를 두고 'Part B'에 끼웁니다.

7 순간접착제로 단단하게 고정시키세요.

8 구멍을 뚫지 않은 사각 포맥스로 아랫면에 막아 줍니다.

9 조립도에 맞춰 60mm×10mm 크기로 포맥스를 잘라 붙여 줍니다.

10 총 10개의 포맥스를 붙여서 10㎜ 높이의 사
각 막대를 만드세요.

11 이렇게 만들어진 사각 막대를 내부 틀에 붙
여 줍니다. 중앙보다 약간 위쪽으로 붙여
주세요.

12 내부 틀을 외곽 틀 안에 넣어서 고정시켜
줍니다. 붙여둔 사각 막대가 위쪽으로 오도
록 하세요.

13 사각 막대도 순간접착제로 외곽 틀에 고정
시킵니다.

14 사진과 같은 구조로 단단히 붙여 줘야 합니다.

15 내부 틀 위쪽 중앙에 순간접착제를 한 방울
떨어뜨려 준 다음,

16 작은 사각 막대 뭉치를 붙여 주면 틀 완성!

17 시멘트 반죽을 틀 안에 부어 주세요. 아시
죠? 요플레보다 살짝 걸쭉하게.

18 시멘트가 다 굳었으면 칼로 조심스럽게 틀
을 벗겨냅니다.

PVC판은 앞으로 시멘트 틀을 제작할 때, 포맥스와 같이 자주 사용하는 단골 재료입니다. 투명, 반투명뿐만 아니라 다양한 컬러가 있어요. 주로 제품 패키지에 이용되는 소재이죠. 가위나 칼로 쉽게 잘리고, 얇아서 잘 휘기 때문에 원통을 만들 때 유용하게 쓰입니다. 또한 순간접착제를 이용하면 포맥스와 단단히 붙는 특성이 있어요. 물론 물에 젖지 않기 때문에 포맥스와 더불어 시멘트 틀 제작에 이상적인 소재입니다.

사운드 독에 한번 도전해 보세요. 굳이 아이폰이 아니더라도 자신만의 사운드 독을 만들어 볼 수 있거든요. 스마트폰에 맞춰 긴 사각 막대의 크기만 조절하면 다른 기기에도 응용할 수 있습니다. 별 다른 전자 모듈이 없어도 효과적인 확성 장치를 만들 수 있어요. 심플하고 모던한 형태이기 때문에 어디에 올려놓아도 주변과 어울리는 오브제가 탄생합니다.

시멘트만으로 아이폰을 거치할 수 있는 멋진 사운드 독을 완성했어요. 이제 소리의 효과를 높이기 위해 아래쪽에 충전잭을 꽂아 들어 보세요.

연탄 연필꽂이

⟶ 고추장 삼겹살이 먹고 싶었습니다. 연탄불에 구운 매콤 달달한 고기에 소주 한잔 걸치고 싶었죠. 삼겹살 한 근을 사서 양념을 만들고 이를 버무렸어요. 양념을 만들 때는 고추장 2큰술, 고춧가루 2큰술, 물엿 1큰술, 설탕 1큰술, 간장 1큰술, 다진 마늘 1큰술, 맛술 2큰술을 골고루 섞어 줍니다. 이렇게 버무린 양념을 삼겹살에 발라 한 시간 정도 재워 둔 다음, 구우려 했는데 연탄이 없었어요. 그래서 연필꽂이를 만들었습니다.

연탄에 구멍이 뚫려 있는 이유는 연탄의 화력을 강하게 하기 위해서이죠. 구멍 사이로 산소가 드나들면서 연탄 전체에 골고루 불이 붙게 만들어 줍니다. 이 구멍을 연필꽂이로 응용했어요. 필기구가 무리 없이 꽂힐 만한 크기로 구멍을 잡고 전체적인 크기를 도면화한 뒤, 틀을 만들었습니다. 그런데 생각보다 구멍을 일률적으로 잡기가 힘들더군요. 그래서 다시 찾은 아이템이 바로 빨대였습니다. 연필보다 조금 더 굵은 버블티 빨대를 찾았죠. 크기도 적당하고 규격이 일정하니까 구멍 크기도 일률적으로 만들 수 있었어요. 부록의 도면과 조립도를 참고하세요.

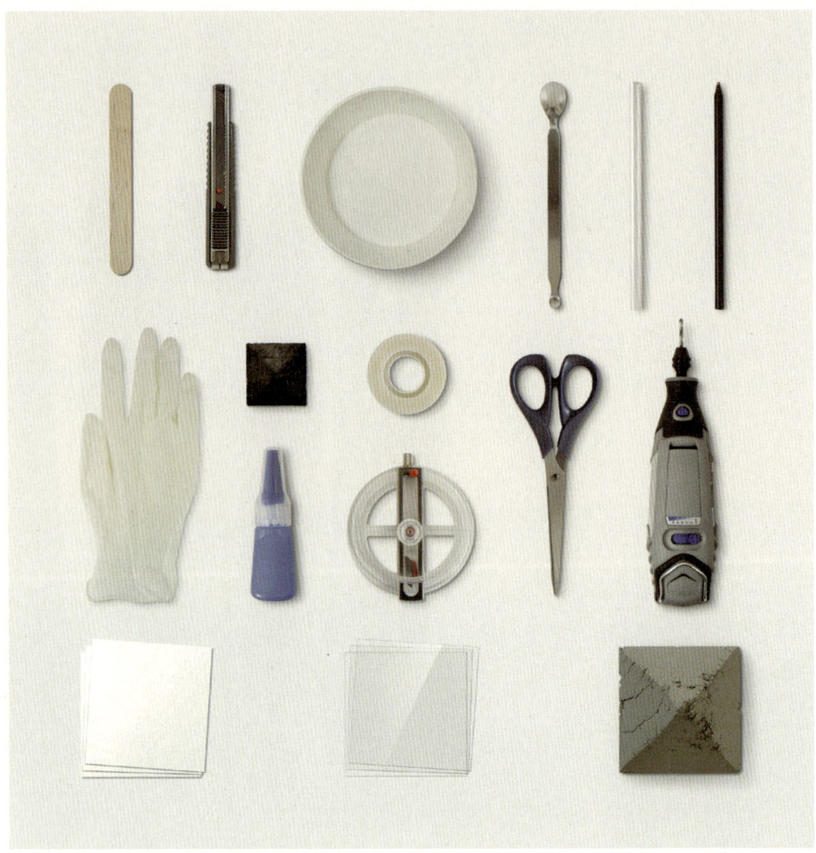

Materials

1	나무스틱 / 2,500원(1묶음)	9	순간접착제 / 3,000원
2	칼 / 3,100원	10	테이프 / 1,500원
3	종이그릇 / 1,100원(10개)	11	원형커터 / 24,700원
4	약수저 / 2,000원	12	가위 / 2,700원
5	빨대(Ø9mm) / 2,900원(1묶음)	13	드레멜 / 53,000원
6	색연필 / 600원	14	포맥스(1mm) / 900원
7	니트릴 장갑 / 22,300원(1박스)	15	투명 PVC판(0.3mm) / 400원
8	조색 안료 / 5,000원(1kg)	16	모르타르 시멘트 / 5,000원

Process

1 원형 커터로 포맥스를 잘라 지름 90mm의 원을 세 개 만드세요.

2 그중 두 개를 양면테이프로 가볍게 붙여 둡니다.

3 도면을 복사 후 잘라서 두 개를 붙인 원에 붙여 주세요.

4 드레멜이나 드릴을 이용해서 연탄구멍을 모두 뚫어 주세요.

5 구멍 안에 가위를 넣어 돌리면서 크기를 조절할 수 있습니다.

6 두 개의 'Part A'를 분리하세요.

7 그중 하나를 구멍을 뚫지 않은 원과 붙여 주세요.

8 각 구멍마다 버블티 빨대를 순간접착제로 붙여 줍니다.

9 수직으로 붙여 주어야 나중에 시멘트 반죽을 부을 때 고생하지 않아요.

10 나머지 'Part A'를 도면에 표시된 점선을 따라 잘라 준 후에 윗부분에 끼워 줍니다. 여기로 시멘트 반죽을 부어야 하거든요.

11 조립도에 맞춰 투명 PVC판을 잘라서 옆면을 붙여 줍니다. 이때, 치수보다 조금 길게 잘라 주면 작업하기 편하실 거예요. 원통으로 말아서 고정하기 쉽기 때문이죠.

12 순간접착제로 틈을 꼼꼼히 정리해 줍니다.

13 틀이 완성되었습니다. 빨대에 시멘트가 들어가는 것을 막기 위해 빨대 구멍을 막아 줬어요.

14 시멘트에 조색 안료를 섞어 줍니다. 너무 많이 섞으면 시멘트 강도가 약해지니 주의하세요.

15 그리고 물에 개어 잘 섞어 줍니다.

16 아까 잘라둔 틈으로 시멘트 반죽을 조심조심 부어 주세요.

17 중간 중간 틀을 바닥에 통통 두들기며, 반죽을 골고루 펴 주는 것도 잊지 마세요.

18 이틀 정도 건조시킨 후에 조심스럽게 틀을 떼어냅니다.

이번 작업에는 시멘트에 조색 안료를 섞어 사용해 봤습니다. 설명은 쿨하게 되어 있지만 사실 이 과정이 만만치는 않았어요. 제품의 부피가 크다 보니 들어가는 시멘트 양이 상당했거든요. 1kg짜리 가정용 모르타르 시멘트를 두 봉지 가까이 사용했습니다. 문제는 중간에 반죽이 부족할 때면 재빨리 안료를 섞어서 다시 만들어야 하는데, 그러다 보면 반죽 비율이 일정하지 않아 색이 달라질 수 있어요. 또한 조색 안료를 너무 많이 섞어 주면 시멘트 강도가 약해져서 부서질 위험이 있습니다. 제작 과정 사진 속의 색상을 참고하세요.

이 안료는 일반적으로 인테리어 공사할 때 시멘트의 색을 조절하기 위해서 사용하는 시멘트용 조색 안료입니다. 동네 소형 철물점에서는 조금 구하기 힘들 수도 있어요. 을지로 4가역 1번 출구에 있는 시대안료에서 구매했습니다. 조색 안료뿐만 아닌 다양한 안료를 취급하는 가게입니다. 앞으로 소개할 야광전구 레시피에서 사용한 축광 안료도 이곳에서 구매했어요. 을지로 상가 일대를 돌다 보면 이러한 안료 전문 상점을 몇 군데 더 찾을 수 있습니다.

연필깎이 탱크

———→　이번에는 문구에 도전했어요. 디자이너라는 직업의 특성상 평소 스케치를 자주 하는 편인데, 이때 연필을 자주 이용하고 있습니다. 물론 책상 위에 연필깎이 하나쯤은 꼭 있어야겠지요. 이미 사용하고 있는 전동 연필깎이가 있지만 뭔가 더 재미난 제품을 갖고 싶었어요.

　이번 컨셉은 'Biaugust'라는 디자인 스튜디오에서 제작한 'Love & Peace' 제품 시리즈를 참고했습니다. 전쟁 도구를 재해석해서 다양한 생활 소품으로 변신시킨 프로젝트였죠. 그중 탱크 모양으로 만든 연필깎이가 굉장히 매력적이었습니다. 깎기 위해 넣은 연필이 탱크의 포신이 된다니 너무 재미있는 아이디어였죠. 이미 시중에 이를 모티브로 만든 다양한 제품이 있었지만, 미니멀한 형태로 단순화시킨 디자인이 눈길을 끌었습니다. 소재를 달리 해서 시멘트로 만들면 기능적이면서 재미있는 소품이 될 것 같았어요. 제작 난이도가 높은 편이지만 시멘트가 손에 익으면 한번쯤 꼭 도전해 보세요. 부록의 도면과 조립도를 참고하세요.

Materials

1 색연필 / 600원
2 글루건 심(소) / 1,400원(1묶음)
3 종이그릇 / 1,100원(10개)
4 칼 / 3,100원
5 순간접착제 / 3,000원
6 연필깎이 / 300원
7 종이컵 / 1,000원(50개)
8 나무스틱 / 2,500원(1묶음)
9 포맥스(1mm) / 900원
10 투명 PVC판(0.3mm) / 400원
11 모르타르 시멘트 / 5,000원

⟶ 글루건 심은 문구점이나 다이소와 같은 생활용품 상점에서 구할 수 있습니다. 연필깎이는 최대한 단순한 형태의 제품이 제작에 용이합니다.

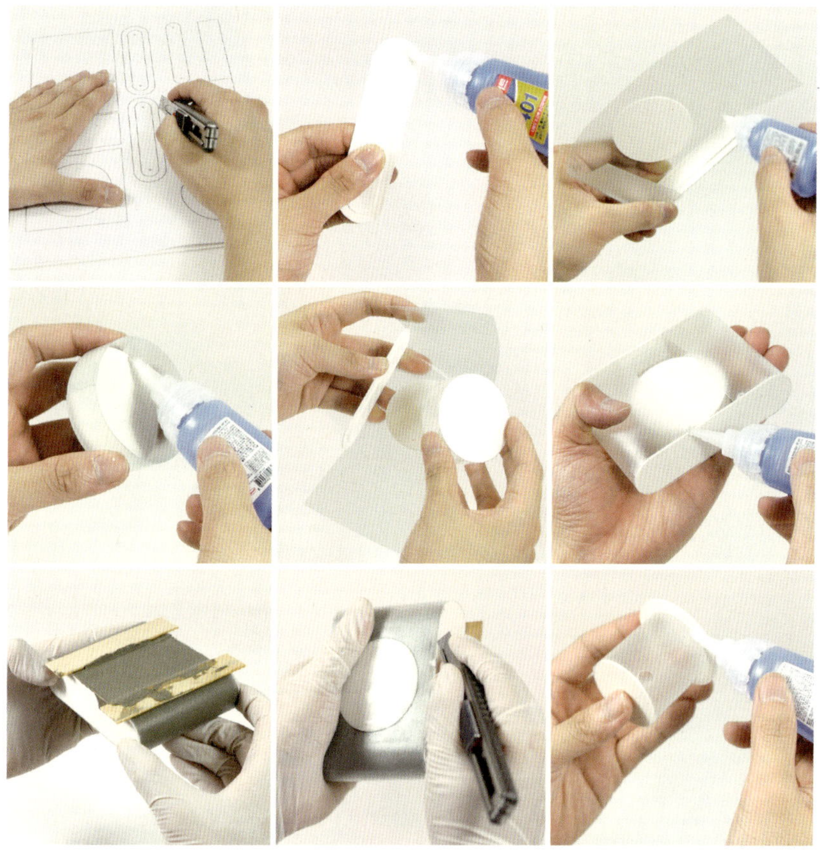

Process

1 도면에 맞춰 포맥스와 투명 PVC판을 재단
합니다. 조립도 수치를 참고하세요.

2 'Part L'과 'Part K'를 순간접착제로 붙이세
요.

3 투명 PVC 중앙에 'Part J'를 붙입니다.

4 나머지 'Part J' 옆면에 투명 PVC를 붙여서
한쪽 면이 트인 원기둥을 만드세요.

5 이것을 위치에 맞춰 본체에 붙여 주세요.

6 좌우대칭을 맞춰서 양쪽 트랙을 붙이세요.
투명 PVC를 다 감싸지 않는 이유는 이 틈으
로 시멘트 반죽을 붓기 위함입니다.

7 시멘트를 붓기 전에, 주입구 양쪽을 나무막
대 등으로 고정시켜 주면 형태가 왜곡되지
않아요.

8 다 굳으면 조심스럽게 틀을 뜯어내세요.

9 다음은 탱크의 포탑을 만들 차례입니다.
Part E, Part F, Part I를 붙이세요.

10 여기에 'Part H'를 붙인 후,

11 'Part G'와 'Part D'를 순서대로 붙입니다.

12 사진에 보이는 사각 포맥스는 원통의 형태
를 고정시켜 주는 틀이에요. 도면에는 없으
니 원형 포맥스를 자르고 남은 부분을 활용
하면 됩니다.

13 틀이 완성되면 투명 PVC에 뚫어둔 구멍 사
이로 글루건 심을 하나 박아 주세요.

14 Part A, Part B, Part C를 붙여서 포탑 뚜껑
을 만드세요. 남는 포맥스로 손잡이도 만들
면 제작이 좀더 수월해집니다.

15 완성된 틀에 시멘트 반죽을 부은 다음,

16 재빨리 포탑 뚜껑을 덮어 줍니다.

17 다 굳으면 조심스럽게 틀을 뜯어내세요.

18 구멍에 맞춰 내부에 연필깎이를 고정시키
면 완성입니다.

연필깎이 탱크로 서재나 사무실 책상 위를 장식해 보세요. 자신을 괴롭히는 직장 상사가 있다면 포신을 항상 그 방향으로 위치해 놓으면 좋겠죠. 적이 눈치 챘다면 재빨리 방향을 바꿔 주면 그만입니다. 탱크의 본체와 포탑이 분리되기 때문에 회전이 가능해요.

이렇게 두 부분으로 나누어 따로 제작한 이유는 연필을 깎으면 생기는 가루를 보관할 수집 통이 필요했거든요. 포탑에 연필을 넣어 깎으면 자연스럽게 가루가 본체에 모이게 설계했습니다. 스케치로 아이디어를 정리한 다음, 실제 제작에 들어가기 전에 컴퓨터로 모델링을 했어요. 제품디자인에서 3D 프로그램은 직접 만들지 않아도 그 형태를 미리 확인해 볼 수 있다는 점에서 굉장히 편리하고 효율적이죠. 이를 평면화 시켜서 도면을 제작했습니다.

틀을 만들 때 사용한 글루건 심은 재질이 말랑말랑하기 때문에 시멘트가 굳고 나서 제거하기 용이합니다. 글루건 심이 없을 경우에는 종이로 연필을 서너 번 감아서 틀에 끼우는 방법이 있어요. 시멘트가 굳으면 조심스럽게 연필을 빼내면 됩니다.

유리병 조명

——→ 작업실에서 조촐하게 파티를 열었습니다. 친구가 한번 방문하고 싶다고 해서 양손 무겁게 작업실로 오라고 했거든요. 안주거리와 술을 사왔습니다. 한 잔, 두 잔 가볍게 술을 마시며 담소를 나누는데 친구가 재밌는 걸 보여준다면서 갑자기 소주병을 흔들어 회오리를 만들었어요. 그리고 재빨리 스마트폰 플래시를 켜서 술병 아래에 받치더군요. 예뻤어요. 그래서 유리병 조명을 만들었습니다.

노트북 USB에 연결해서 쓰는 작은 LED 램프를 구해서 시멘트 틀 안에 심고, 병을 거꾸로 꽂을 수 있도록 구멍을 만들었습니다. 어떤 병이든 원하는 형태의 병을 꽂아서 다양한 분위기를 연출할 수 있게 말이죠. 노트북뿐만 아니라 핸드폰 USB 어댑터를 연결하면 무드 조명으로도 활용할 수 있도록 토글스위치를 달아 주었습니다. 아날로그적인 감성이 느껴졌어요. 똑딱거리며, 켜고 끄는 재미가 생겼죠. 재활용한 유리병이 하나의 오브제로 재탄생했습니다.

부록의 도면과 조립도를 참고하세요.

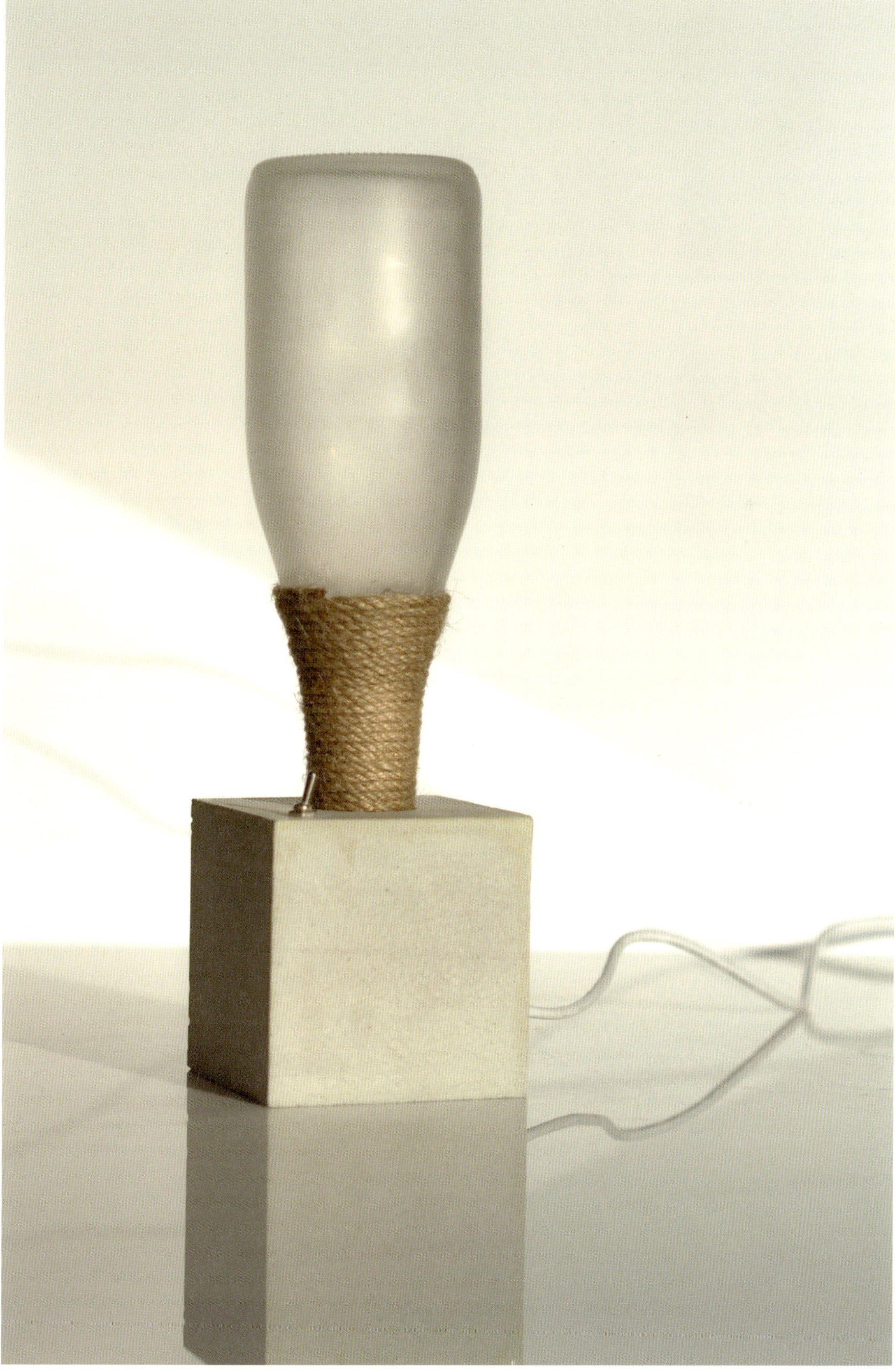

Materials

1	순간접착제 / 3,000원	9	종이그릇 / 1,100원(10개)
2	노끈 / 1,600원	10	토글스위치 / 1,680원
3	USB LED 램프 / 2,500원	11	유리병 / 3,000원
4	절연 테이프 / 900원	12	포맥스(1mm) / 900원
5	니퍼 / 4,500원	13	칼 / 3,100원
6	글루건(소) / 5,200원	14	투명 PVC판(0.3mm) / 400원
7	드레멜 / 53,000원	15	나무스틱 / 2,500원(1묶음)
8	USB 선 / 1,400원	16	모르타르 시멘트 / 5,000원

⟶ USB LED 램프, 토글스위치, USB 선은 인터넷에 검색하면 온라인으로 구매할 수 있습니다.
노끈은 대형 문구점이나 다이소에서 구할 수 있어요.

Process

1 마트에서 예쁜 술병을 하나 고르세요. 투명 보다는 유백 느낌의 병이 더 좋습니다.

2 안에 든 술은 원샷한 후에, 입구 쪽에 노끈을 감아 주세요.

3 조립도에 맞춰 포맥스로 틀을 만들어 줍니다.

4 틀의 윗부분에 토글스위치를 끼울 수 있게 작은 구멍을 뚫어 주세요.

5 USB LED 램프를 분해해서 선을 빼내세요.

6 이를 토글스위치와 USB 선에 연결합니다.

7 스위치에 노출된 금속 부분은 나중에 합선 되지 않도록 글루건을 발라 주세요.

8 틀에 뚫어 놓은 구멍에 토글스위치를 끼워 주세요.

9 토글스위치는 위쪽에 너트가 달려 있기 때문에 쉽게 고정시킬 수 있습니다.

<table>
<tr><td>

10 토글스위치가 아래로 향하게 해서 시멘트를 부어야 하기 때문에 십자 지지대를 만들어 줍니다.

11 Part A, Part B, Part C를 붙여서 원통을 만드세요.

12 틀 중앙에 원통을 붙입니다.

13 원통의 구멍에 LED 램프를 넣고 고정시켜 주세요.

</td><td>

14 틀 옆면에 전선이 나올 구멍을 뚫어서 전선을 빼낸 다음, 다시 틈을 막아 줍니다.

15 이제 시멘트를 물에 개어 볼까요?

16 요플레보다 살짝 더 걸죽하게 반죽을 만듭니다.

17 틀 안에 반죽을 붓고, 양손으로 틀을 감싸서 바닥에 통통 두들겨 주세요.

18 이틀 정도 건조시킨 후에 조심스럽게 틀을 떼어냅니다.

</td></tr>
</table>

제작할 때 가장 유의해야 할 점은 시멘트 반죽을 붓기 전에 LED 램프에 불이 들어오는지 확인하는 것입니다. USB 선을 잘라 보면 보통 3~4개의 전선이 있는데, 이중 검정색과 빨간색이 전원선입니다. 색에 맞춰서 USB 선과 LED 램프를 연결시키세요. 나머지는 필요 없습니다. 토글스위치에는 3개의 핀이 달려 있어요. 그중 가운데 핀과 나머지 핀 하나만 사용하세요.

다시 한 번 설명하자면 LED 램프의 빨간 선을 토글스위치 왼쪽 핀과 연결하고, 토글스위치 가운데 핀을 USB의 빨간 선과 연결하고, USB의 검정 선을 LED 램프의 검정 선과 연결합니다.

조금 복잡한 것 같지만 막상 해보면 초등학교 과학상자에서 다루는 단순한 원리예요. 영화 속에서 폭탄 제거할 때처럼, 실수했다고 빵 터질 일은 없으니 겁먹지 마세요.

선을 다 연결하고 전원을 켰을 때, 느껴지는 성취감은 이루 말할 수 없습니다. 어서 빨리 시멘트 반죽을 부어서 완성시키고 싶어질 거예요. 전부 완성했을 때는 분명, 몇 번이고 토글스위치를 만지작거리며 즐거워하는 자신을 보게 될 것입니다.

하비디자인 프리퀄

때는 2006년 여름으로 거슬러 올라갑니다. 방학을 맞이하여 무엇을 할까 고민하던 시기, 평소 친하게 지내던 선배와 술자리를 가졌어요. 선배가 3개월 동안 일본을 갔다 온 뒤라 여행에 대해 이런저런 많은 이야기를 나눴습니다. 그때 선배가 도쿄의 한 서점에 들렀다가 사온 잡지가 있는데 한번 보라고 제게 보여 줬어요. 잡지 이름은 〈남자의 기본〉. 이름만 들어도 남자의 향기가 물씬 느껴지는 이 잡지는 일반 사람들이 생활 속 인테리어 소품을 직접 만드는 과정을 그 결과물과 함께 소개해 주는 잡지였습니다. 전공이 디자인이다 보니 관심을 갖고 이 잡지를 한 장 한 장 넘겨가는데, 제 마음속 무엇인가가 갑자기 꿈틀했어요. 잡지에 무척 흥미를 보이는 제게 선배가 말했어요. "이렇게 가구나 인테리어 소품을 직접 디자인하고 만들면 재미있을 것 같지 않아? 단순히 완제품을 제작해서 판매하는 게 아니라 사용자가 어느 정도 디자인에 참여할 수 있도록 반제품 형태의 DIY 키트를 만드는 거지. 나중에 DIY 쇼핑몰로 발전시켜서 만드는 데 필요한 도구나 하드웨어도 같이 판매하는 거야. 어때? 사업화시키면 재밌을 것 같지 않아?" 선배 이야기를 들으니 너무 흥분됐습니다. 자신만의 새로운 길을 찾아 떠나는 원정대와 같은 설렘으로 가득했어요. 당장이라도 시작하기만 하면 스티브 잡스나 마크 주커버그처럼 성공할 것 같았습니다. 일단 무엇보다 그 일이 너무 재미있을 것 같았죠. 한창 취업을 위한 스펙 쌓기에 시간을 투자해야 하는 시기였지만 지금 이 기회를 놓치면 평생 후회할 것 같았습니다. 사업이 취업보다 몇 배나 더 힘들고 어렵다는 것은 어렴풋이 알고 있었지만, 이 과정이 성공으로 이어질지 실패로 끝날지는 중요하지 않았어요. 아직 젊으니까 좀더 내가 하고 싶은 것을 하자고 결심했습니다. 하비디자인 HOBBY:DESIGN의 출발은 그때부터 시작되었어요. 다음날 부로 휴학하고 선배와 같이 작업을 시작했습니다.

하비디자인이라는 이름은 '사람들이 디자인을 취미처럼 즐기게 하자'는 콘셉트로 짓게 되었습니다. 뭔가 더 진지하고 멋진 말들도 거론되었지만 사람들한테 좀더 친숙하게 불리게끔 이름 안에 의미를 녹여내자고 합의본 거죠. 전문가의 영역으로만 느껴지는 디자인을 실생활에 좀더 밀착시키자는 취지였습니다. 로고 가운데 ':D'를 웃는 모양으로 형상화시키면 재밌는 요소가 될 것 같았죠. 이렇게 하나하나 직접 몸으로 부딪쳐 가며 제품을 만들기 시작했습니다.

작업실은 따로 구할 형편이 안 됐기 때문에 선배 자취집 방 한 켠을 작업실로 만들었습니다. 무엇을 하든 금전적인 문제가 가장 컸습니다. 머릿속 아이디어를 디자인하고 직접 만들어 보는 것이 중요한데, 거기에 사용되는 도구나 재료비 또한 만만치 않았거든요. 전역한 지도 얼마 지나지 않았고, 학생이라 모아둔 돈이 없었습니다. 결국 부모님 몰래 한 학기 등록금을 빼다 썼어요. 멋지게 성공해서 두 배로 갚아드리려 했죠.

가구 제작 도전기
철수와 영희

둘이 머리를 맞대고 매일 아이디어 회의를 거쳐서 처음 탄생한 제품은 아이들 옷장이었습니다. 콘셉트는 명료했습니다. 아이들이 스스로 옷을 보관하고 꺼내 입는데 흥미와 재미를 줄 수 있는 옷장을 개발하자는 거였죠. 임시로 붙인 이름은 '철수와 영희'였습니다. 모듈화 개념을 적용해서 남자 아이용, 여자 아이용으로 나눠 사용할 수 있었거든요.

스케치로 아이디어를 가다듬고 3D 프로그램으로 모델링을 해서 사람 형태의 옷장을 디자인했습니다. 그 다음은 실제로 만들어 보기로 했어요. 하지만 머릿속에만 있던 아이디어를 현실로 끄집어낸다는 것은 몇 배는 더 어려운 작업이었습니다. 가구를 제작하기에 앞서 그 전까지 톱질은 군대에서 한 게 전부였고, 나무의 종류가 무엇이 있는지, 또 어떠한 나무를 사용해야 하는지 전반적인 지식이 아무것도 없었기 때문이죠. 차근차근 하나씩 공부하기 시작했습니다. 재질의 특성을 이해하고, 어떻게 재단해야 하며, 어떻게 붙일지 고민했습니다. 물론 나중에 생산을 위한 공정과 가격도 고려해야 했죠. 문제가 해결되지 않으면 무작정 청계천 공구상가나 목공소에 찾아가서 직접 물어보고 배워나가기 시작했습니다.

청계천 일대에는 여러 공구상가가 밀집되어 있어요. 지금은 온라인 마켓이 활성

화 되어 다양한 정보를 손쉽게 얻을 수 있지만, 당시에는 기계공구의 사용성에 대한 좋은 정보를 얻기가 쉽지 않았어요. 무엇보다 공구의 특성상, 숙련도에서 나오는 노하우가 중요하기 때문에 전문가에게 직접 물어보고 조언을 구하는 게 중요했죠. 테이블 톱(table saw), 지그소(zigsaw), 원형 톱(circular saw), 각도 절단기(miter saw), 전기 샌더(electric sander), 그라인더(grinder), 드릴(drill), 트리머(trimmer) 등 생소한 공구들에 대해 알아가기 시작했습니다.

그 다음은 목재를 구하기 위해 용산에 있는 목재소를 찾아갔어요. 도매로 판매하는 곳이라 다양한 목재를 저렴하게 구입할 수 있었죠. 수십 장의 목재 원판을 용달에 실어서 작업실로 옮겼습니다. 옮기는 것도 여간 힘든 게 아니었어요. 목재 한 판 크기가 1,220mm × 2,400mm이라 엄청 무거웠거든요. 하지만 더 큰 문제가 기다리고 있었습니다. 작업실로 사용하는 자취집이 일반 가정집이었거든요. 오래된 연립주택이라 방음이 잘 되지 않아 작업할 때 소음을 걱정했는데, 목재를 한번 잘라 보니 그제야 예상보다 훨씬 시끄럽다는 것을 알았어요. 망치 소리는 그렇다 치더라도 테이블 톱으로 나무를 재단할 때는 엄청난 굉음이 났습니다. 이럴 줄 알았으면 목재소에서 나무를 재단해서 주문해 올걸, 조금 후회가 들었습니다.

지금이야 인터넷으로 나무를 손쉽게 주문 재단할 수 있지만 그 당시에는 DIY 수요가 크지 않아서 목재를 재단하려면 동네 목공소에 맡겨야 했어요. 이런 번거로움뿐만 아니라 가구 자체를 처음부터 끝까지 직접 만들고 싶었던 욕심 때문에 목재 원판에 공구까지 다 갖췄는데 작업할 때의 소음은 생각하지 못한 거죠. 이제 와서 뒤로 돌릴 수 없었기에 작업실 방음공사를 하기로 결심했습니다. 업체에 맡겨 공사할 수 있는 금전적 여력이 없기 때문에 직접 방음공사를 하기로 했어요. 우선 인터넷을 검색해 보니 일반 가정집에서 방음을 위해 직접 공사하신 분들이 몇몇 계셨습니다. 대부분 음악하시는 분들이었죠. 그분들께 정보를 얻어 방음 자재를 구하러 을지로로 향했습니다. 방음 자재는 계란판 형태의 검은색 스폰지처럼 생겼어요. 그곳 상인 분께 효과적인 시공 노하우에 대한 조언을 얻은 후, 방음 자재를 구매했습니다.

다시 작업실로 돌아와서 본격적인 방음공사를 시작했습니다. 바닥, 천장, 벽, 문, 창문 등 방안을 온통 방음재로 둘러쌌습니다. 이 작업도 녹록지 않았어요. 제대로 방음 시공을 하려면 2중, 3중으로 방음재를 붙여야 한다길래 이틀에 걸쳐 작업을 했습니다. 드디어 작업이 끝나고, 어느 정도 효과가 있는지 테스트를 했죠. 한 명은 작업실 안에서 테이블 톱을 켜서 나무를 절단하고 다른 한 명이 밖에서 소리를 들었습니다. 그런데 잘 들렸어요. 소음이 너무나 잘 들렸어요. 제 귀가 소머즈가 아님에도 엄청난 굉음이 귓가에 울렸습니다.

결국 집 위에 거주하시는 이웃 분들께 양해를 구했습니다. 모든 상황을 설명드리고 작업을 할 수 있게끔 허락을 받았죠. 작업은 모두가 출타하시고 비교적 한가한 오후에만 하기로 했어요. 이렇게 방음 문제를 해결하고 본격적으로 가구 제작에 나섰습니다.

하지만 산 넘어 산처럼 무엇을 하려고 할 때마다 문제가 생겼습니다. 가구를 제작하려면 기본적으로 직선으로 나무를 재단할 수 있어야 하는데 이게 쉽지 않았어요. 처음에 나무 옆에 가이드를 세워서 지그소로 자르는데 의지와 상관없이 삐뚤삐뚤하게 잘렸어요. 이상하다 싶어서 알아보니 지그소는 곡선같이 자유로운 형태를 재단할 때 주로 쓰이지만, 직선으로 목재를 자르기는 힘든 도구였습니다. 그래서 그 다음으로 알아본 도구가 테이블 톱이었어요. 다시 청계천 공구상가를 찾아다니며 장비를 알아봤습니다. 그리고 어렵사리 가격 대비 성능이 좋다는 테이블 톱을 구해서 직선 자르기에 다시 도전했죠.

하지만 이마저도 실패했습니다. 저가 제품이라 그런지, 아니면 장비가 손에 익지 않아서 그런지 나무를 재단하는데 직선으로 잘리질 않고 미묘하게 어긋났죠. 이래서는 사각 박스조차 제대로 만들기 힘들었습니다. 마음먹은 대로 되지 않자 슬슬 피로감이 몰려오며 자신감도 사라져 갔어요. 어떻게든 한 번은 성공해 보자는 마음으로 동네 철물점에 가서 큰 톱을 사왔습니다. 나무에 선을 그어 놓고 서로 번갈아가며 톱질을 했어요. 나무 한 판을 자르니 온몸에 땀이 비 오듯이 흘렀습니다. 결과는 성공이었습니다. 그 어떤 기계 공구로도 해내지 못한 직선 자르기를 톱 하나로 이뤄낸 거죠. 하지만 성공의 기쁨도 잠시, 평생 이렇게 나무만

자를 것 같다는 생각에 실패했을 때보다 더 우울해졌어요. 물론 몸은 엄청 건강해질 것 같았습니다.

톱으로 나무를 자를 때, 한 가지 더 큰 문제점이 있었습니다. 설계한 가구가 직각 재단뿐만 아니라 사선으로도 재단해야 했기 때문이에요. 제아무리 숙련도가 좋아지더라도 톱을 비스듬히 눕혀서 일정하게 나무를 재단할 자신은 없었습니다. 이대로는 안 되겠다 싶어 또 다른 방법을 찾기 시작했습니다. 마침 작업실 건너편에서 건물을 짓고 있었는데, 그 공사장에 찾아가 목수 아저씨께 지금까지 상황을 설명해가며 각도 절단을 위해서 어떤 장비가 좋은지 여쭸어요. 그랬더니 원형 톱을 알려 주셨습니다. 그중에서 각도를 조절할 수 있는 제품이 있으니 가이드를 설치해서 자르면 원하는 각도로 재단할 수 있다고 하셨죠. 감사하게도 현장에서 바로 시범을 보여 주셨어요. 이거면 꼭 성공할 것이라 기쁜 마음으로 또다시 공구상가로 향했습니다. 목수 아저씨께서 추천해 주신 장비를 구해서 바로 작업을 시작했죠. 손에 익숙지 않고, 톱날이 빠르게 도는 위험한 장비라 신중히 다뤘습니다. 나무 원판을 작업 테이블에 위에 올려놓은 다음, 재단 선을 긋고 가이드를 세워 원형톱을 천천히 앞으로 밀자, 드디어 사선 자르기에 성공했어요. 야호! 너무 기뻤습니다.

그 다음부터는 작업이 수월했습니다. 도면에 맞춰 판재를 재단해서 하나하나 조립했어요. 드릴에 이중비트를 연결하여 나사 구멍을 만들어 주고 피스로 고정시켰습니다. 여기서 '이중비트'란 '이중기리'라고도 하는데, 드릴 날에 연결해서 사용하는 액세서리입니다. DIY가구나 소품 제작 시 이중비트로 구멍을 내주고 조립을 하면 목재가 쪼개지거나 갈라지는 것을 방지해 주고, 구멍 안으로 피스를 숨길 수가 있어 매우 편리합니다.

조립이 끝난 후에는, 목재를 MDF로 썼기 때문에 후가공이 필요했어요. 후가공 전까지의 반제품을 키트화 시키는 것이 목표였기 때문에, 이 다음부터는 사용자가 취향에 맞게 가구를 완성시키면 됐어요. 어떻게 응용할 수 있을지 알아보기 위해 시범으로 가구 두 개를 완성했습니다. 하나는 시트지를 입혀서, 다른 하나는 페인

트칠을 했어요. 그 당시 제가 〈킬빌〉을 인상 깊게 봐서 시트지로 입힌 가구는 우마 서먼의 트레이닝복처럼 노란색으로 꾸며 봤습니다. 페인트 칠한 가구는 얼굴을 칠 판처럼 만들어서 분필로 표정을 그렸다 지웠다 할 수 있게 만들었어요.

가구의 기능적인 콘셉트는 아이들이 직접 옷을 꺼내 입고 보관하는 방법에 흥 미를 느끼게 하기 위한 것이었습니다. 가구의 몸통에는 티셔츠 같은 상의를 보 관하고, 다리 부분에는 바지나 치마 같은 하의를 보관하는 용도였어요. 이를 직 관적으로 형상화하여 재미를 주고자 했습니다. 이렇게 만들어진 아이들 옷장에 임시로 붙인 이름이 '철수와 영희'였습니다. 머리와 몸통은 공유하고 다리 부분 만 여자아이와 남자아이 형상으로 만들어서 두 가지 버전으로 사용할 수 있게 만들었거든요.

나름 재미있게 진행했던 아이템이었지만 판매하기에는 제품 품질이 많이 떨어 졌어요. 품질을 높이기 위해 가구 제작업체를 알아봤지만, 각도 절단 난이도에 따 른 불량률과 생산 단가가 예상보다 훨씬 높아졌기 때문에 아쉽지만 이 아이템은 접기로 했습니다. 반제품의 특성상 공정을 줄일 수 있기 때문에 저렴한 가격대를 유지하고자 했는데 그럴 수 없었던 거죠.

이렇게 온갖 실수를 남발하며 겨우 만들어낸 결과물이었건만 결국 성공하지는

못했어요. 그렇다고 후회하느냐? 아니요. 절대 그렇지 않습니다. 실수에 실수를 반복했더라도 제가 할 수 있는 끝까지 가봤거든요. 도전하기 전에는 알 수 없었던 새로운 영역의 지식을 직접 몸으로 깨우치고 습득할 수 있었습니다. 또다시 도전했을 때, 실패 없이 완벽히 성공한다는 보장은 없지만, 이를 계기로 실수를 줄일 수 있겠죠. 무엇보다 중요한 것은 제 자신도 모르게 삶에 대한 태도가 변했다는 점이에요. 그 전까지 내성적인 성격이라 낯선 사람, 낯선 곳이 항상 불편했어요. 하지만 '철수와 영희' 덕분에 새로운 영역에서 새로운 사람을 만나 새로운 이야기를 하는 것에 익숙해졌습니다. 또한 무엇이든 포기하기 않고 끝까지 해냈을 때의 성취감과 자신감을 얻게 되었지요. 앞으로 또 다른 영역에 도전하더라도 실패가 두렵지 않았습니다.

PART 2

IN THE OFFICE

흔들 화분, 에펠탑 액자, 돼지 저금통, 새집 키홀더, 시멘트 조명,
시멘트 파이프 시계, 시멘트 저금통, 괘종시계, CD 턴테이블

흔들 화분

난이도 : ★☆☆☆☆　소요시간 : 1시간

———→　선반이나 책장에 올려놓기 좋은 작고 귀여운 화분입니다. 만드는 방법도 무척 간단해요. 별 다른 틀을 제작할 필요 없이 아크릴 반구만 이용하면 되거든요. 여러 개 만들어 군집을 이루면 더욱 아기자기한 연출을 할 수 있습니다. 이름처럼 이 화분의 가장 큰 특징은 반구 형태로 되어 있기 때문에 오뚝이처럼 흔들리는 재미가 있어요. 손가락으로 툭 건들면 왔다갔다 흔들리다가 서서히 제자리도 돌아옵니다. 마치 화분이 살아 움직이는 것 같은 역동적인 모습을 볼 수 있어요. 그렇다고 너무 자주 괴롭히지는 마세요. 화분도 생명인데, 같이 지내야죠.

아크릴 반구는 온라인이나 대형 문구점에 쉽게 구할 수 있습니다. 사이즈가 무척 다양하기 때문에 식물의 크기에 맞춰서 화분의 크기를 조절할 수 있어요. 크기별로 화분을 만들어서 창가에 장식해 놓으면 멋진 오브제로 사용할 수 있겠죠.

Materials

1	다육식물 / 3,000원	6	종이컵 / 1,000원(50개)
2	아크릴 반구(Ø50mm) / 2,000원	7	사포 / 500원
3	아크릴 반구(Ø60mm) / 2,000원	8	나무스틱 / 2,500원(1묶음)
4	모르타르 시멘트 / 5,000원	9	니퍼 / 4,500원
5	종이그릇 / 1,100원(10개)		

⟶ 아크릴 반구는 남대문 알파문구점에서 구매했습니다. 대형 문구점이나 온라인에서도 구할 수 있어요.

Process

1 아크릴 반구를 보면 옆면에 돌기가 있어요. 이를 니퍼로 잘라 줍니다.

2 시멘트 반죽이 닿는 부분이기 때문에 사포로 면을 정리해 주세요.

3 사진처럼 큰 아크릴 반구에 작은 아크릴 반구를 넣어 틀을 제작할 거예요.

4 요플레보다 살짝 더 걸쭉하게 반죽을 만듭니다.

5 큰 아크릴 반구 안에 반죽을 반 정도만 채우세요.

6 작은 아크릴 반구를 서서히 반죽 안에 넣습니다.

7 동전 여러 개를 넣어 두면, 손으로 계속 누르고 있을 필요가 없어요.

8 이틀 정도 건조시킨 후에 아크릴 반구를 떼어냅니다.

9 다육식물을 옮겨 심으면 완성.

　주의해야 할 점은 화분 바닥에 배수 구멍이 없기 때문에, 이왕이면 작은 다육식물을 키우는 것이 좋습니다. 일반적으로 다육식물은 건조한 곳에서도 잘 자라는 식물이라 물을 자주 줄 필요가 없어요. 7일~10일에 한번 아주 조금씩만 물을 주면 됩니다.

　꽃집에서 구입할 때 잘 자라지 않는 품종으로 추천받으면 분갈이를 자주 할 필요가 없습니다. 다른 방법으로는 화분에 마사토만 넣고 키우는 방법이 있어요. 물 빠짐이 좋기 때문에 다육식물이 아주 천천히 자라게 됩니다. 잎이 살짝 쪼글쪼글해질 때, 조금씩 물을 주면 과습으로 다육식물이 죽는 일은 없습니다.

　시멘트가 다 굳고 나서 틀을 제거할 때, 아크릴 반구가 잘 떼어지지 않을 경우가 있습니다. 이럴 때는 시간이 좀더 지난 후에 다시 시도해 보세요. 시멘트가 다 건조된 것처럼 보여도 내부는 아직 덜 굳은 상태일 수 있거든요. 시멘트의 특성상 건조되면서 더 단단해지는데, 시간이 지날수록 점점 밝게 변하며 살짝 수축하게 됩니다. 일주일 정도 건조시키면 별다른 힘을 안 줘도 틀이 쏙 빠질 거예요.

애펠탑 액자

⟶　　에펠탑 액자는 못과 못 사이를 실로 엮는 방식으로 누구나 쉽게 따라할 수 있는 디자인 레시피입니다. 이런 방식을 'nail thread art'라고 하더라고요. 구글 검색만 해봐도 다양하고 재미있는 작품들이 많아요. 액자이지만 단순히 평면 작업이 아닌 입체적인 구조라서 조명을 비췄을 때 그림자 느낌이 더욱 아름답습니다. 여러 작품들을 보니 실이 엮이는 느낌이 마치 철골 프레임 같아 보였어요. 에펠탑에 적용하면 딱 어울릴 것 같았습니다.

　에펠탑 이미지를 찾아서 일러스트레이터라는 프로그램으로 선을 단순화 시켰습니다. 너무 복잡하면 못과 못 사이의 간격이 너무 작아져서 작업하기 힘들 뿐 아니라 심미성도 떨어지더군요. 최소한의 못 간격을 유지하며 포인트를 설정했습니다. 같은 방식으로 원형 나무판을 사용해서 다보탑 액자도 만들었어요. 마치 10원짜리 동전처럼 말이죠. 도면은 부록을 참고하세요.

Materials

1 무두못(27mm) / 5,100원(1묶음)
2 실 / 500원
3 양면테이프 / 2,600원
4 나무판(300×300×18mm) / 6,500원
5 드레멜 / 53,000원
6 망치 / 7,400원
7 자 / 2,200원

→ 나무판은 온라인 사이트에서 주문했어요. 원하는 크기로 주문 절단이 가능합니다. 원형으로도 컷팅 가능하기 때문에 다보탑 액자는 원형 나무판을 사용했습니다. 무두못은 동네 철물점에서 구할 수 있어요.

Process

1 도면을 복사한 후, 뒷면에 양면테이프를 붙이세요.
2 중심을 잘 잡아서 나무판에 부착합니다.
3 드레멜이나 드릴을 이용해서 못 구멍을 만들어 주세요.
4 포인트에 맞춰 구멍을 다 뚫었으면, 종이를 떼어내세요.
5 실수로 놓친 구멍이 없나 확인하세요. 하나씩 꼭 빠지더라고요.
6 자를 이용하여 일정 높이만큼 무두못을 박아 주세요.
7 아랫 부분부터 차근차근 못을 박아 줍니다.
8 실은 에펠탑의 윗부분부터 감아 주세요.
9 정해진 규칙은 없으니 원하는 대로 실을 감아 주면 됩니다.

'무두못'이란 '머리 없는 못'이라고 해서 흔히 '쫄대못'으로도 불립니다. 못 머리가 없기 때문에 작업을 마치고 액자를 봤을 때 일반 못으로 하는 것보다 심미성이 좋아요. 못 길이는 여러 가지가 있지만 액자가 입체적으로 보이기 위해서는 27㎜ 길이의 못이 적당합니다.

나무는 스프러스 집성목을 사용했습니다. 재질이 연한 편이라서 못을 박기 쉽더군요. 요즘은 온라인으로 쉽게 나무를 주문 절단할 수 있기 때문에, 취향에 맞는 나무판을 적용하면 됩니다. 나무 마감재를 사용할 경우에는 당연히 못 박기 전에 칠하는 것이 좋겠죠.

무두못을 박기 전에 미리 작은 구멍을 뚫어 준 이유는 여러 개의 못을 박을 때, 나무가 갈라지는 것을 방지하기 위해서입니다. 이를 위해 드레멜이나 드릴을 사용했지만 송곳만 있어도 작업할 수 있어요. 저도 이 방식은 생각 못했었는데, 블로그 포스팅을 보고 후기를 보내 주신 이웃 분께서 송곳만 이용해서 완성하셨더라고요. 포인트를 송곳으로 꾸욱 눌러 줘서 못 박을 자리를 만드는 방법이에요. 팔 힘은 조금 더 들겠지만 훨씬 간편한 방법이죠. 이웃 분들의 참여와 소통을 통해서 더 멋진 방법과 결과물이 나오는 것 같아요. 역시 지식은 공유하고 나눌수록 커지는 것 같습니다.

돼지 저금통

———→　　앞서 소개한 강아지 스피커와 같은 콘셉트로 기획한 정육면체 동물 시리즈입니다. 정육면체라는 기본적인 도형에 각 동물의 특징만을 디자인 요소로 추가하여 심플한 오브제를 만들어 보았죠. 소재는 강아지 스피커와 마찬가지로 포장 박스에 사용하는 골판지를 이용했습니다.

처음 골판지를 사용하게 된 계기는 포장박스를 재활용해 보자는 취지에서 출발했습니다. 작업실 청소를 하다 보니 그동안 쌓인 택배 박스가 잔뜩 나오더군요. 박스를 펼쳐서 분리수거를 하는데 문득 '이 택배 박스도 버리지 않고 사용할 수 없을까?' 하는 생각이 들었습니다. 그렇게 고민을 하다가, 박스 안에 들어 있는 부품들을 박스에 붙여서 하나의 오브제로 만드는 콘셉트를 정하게 되었습니다. 박스 안에 코와 다리, 꼬리, 스티커를 넣어서, 이 박스 자체를 패키지로 이용하는 것이죠.

부록의 도면과 조립도를 참고하세요.

INSPECTED
FOR WHOLESOMENESS
BY
U.S.
DEPARTMENT OF
AGRICULTURE
P-42
A++
PIGGY BANK

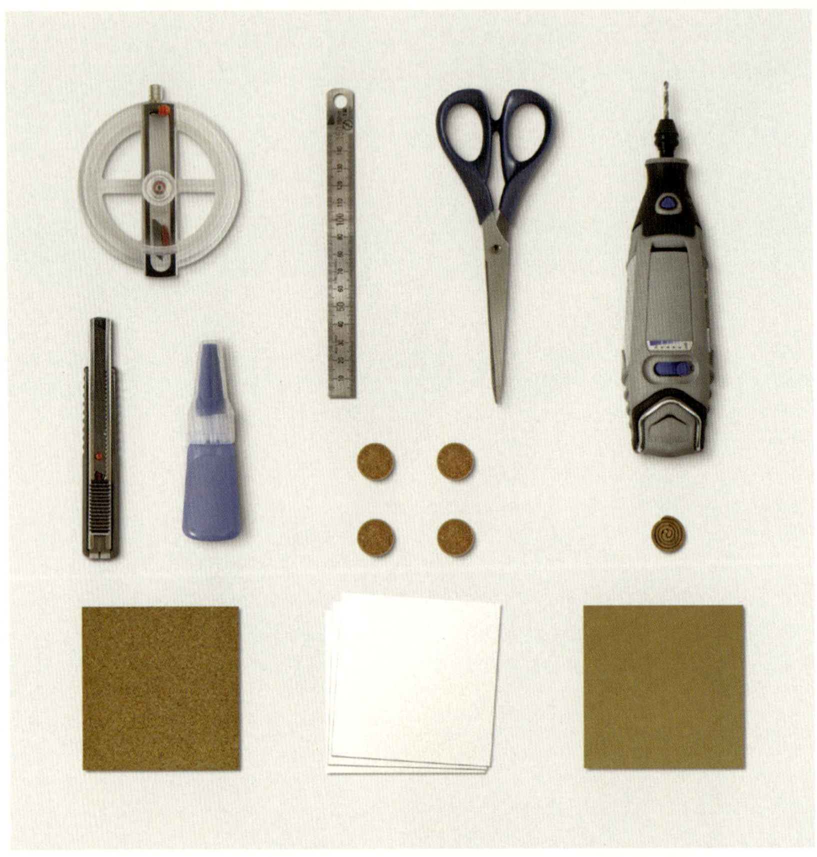

Materials

1   원형커터 / 24,700원

2   자 / 2,200원

3   가위 / 2,700원

4   드레멜 / 53,000원

5   칼 / 3,100원

6   순간접착제 / 3,000원

7   코르크 마개 / 270원

8   고무줄(갈색) / 6,400원(1뭉치)

9   코르크판(10mm) / 19,810원

10   A4 판박이 스티커지 / 10,000원

11   골판지 / 1,440원

→ 코르크 마개는 대형 문구점이나 다이소에서 구할 수 있습니다. A4 판박이 스티커지는 써니
스코파 제품으로 온라인을 통해서 구매했어요.

Process

1 'Part B' 도면을 참고하여 전개도와 같이 박스를 그려 재단하세요.

2 이를 접어서 박스를 만듭니다.

3 박스 뚜껑을 닫고 순간접착제로 고정 시킵니다.

4 당연히 동전 구멍이 보이는 쪽이 윗면이겠죠.

5 코르크 판을 'Part A' 사이즈에 맞춰서 2개 만드세요.

6 그중 하나는 콧구멍을 뚫어 줍니다.

7 순간접착제를 골고루 바른 다음,

8 두 개를 붙여 주세요.

9 이렇게 만들어진 돼지 코를 박스에 붙일 차례예요.

10 박스 상하 위치를 잘 맞춰서 중앙에 붙여
   줍니다.

11 다리는 코르크 마개입니다.

12 4개를 준비해서 박스 아래쪽에 붙여 주세요.

13 돼지 꼬리는 갈색 고무줄을 돌돌 말아 봤
   어요.

14 정중앙보다는 약간 아래에 붙이는 것이 귀
   엽더군요.

15 A4 판박이 스티커지에 고기 등급 도장을 출
   력했어요.

16 크기에 맞춰 자른 다음,

17 원하는 곳에 붙이고 문질러 줍니다.

18 접착시트를 벗겨내면 완성!

강아지 스피커와 마찬가지로 종이와 코르크를 이용한 소품입니다. 소재가 다루기 쉽고 간편해서 아이들과 같이 만들어 보면 좋은 아이템이죠. 돼지 말고도 다른 동물을 응용해 보세요. 분명 아이들도 만들면서 즐거워할 거예요.

처음 돼지 저금통을 완성했을 때 뭔가 밋밋한 느낌이 들었습니다. 단순한 박스 형태라 몸통 부분이 허전해 보이더군요. 그래서 스티커를 이용해 옆면을 꾸며 봤습니다. 검색해 보니 시중에 다양한 스티커지가 있더군요. 그중 판박이 스티커를 사용했어요. 단순히 출력해서 뜯어 붙이는 것이 아니라 아이들이 갖고 노는 판박이처럼 긁어서 붙이는 스티커였죠. 얇은 막처럼 되어 있기 때문에 제품에 붙였을 때 티가 잘 나지 않았습니다. 스티커 만드는 방법은 해당 제품에 충분히 설명이 되어 있기 때문에 책에서는 생략할게요.

돼지 꼬리는 강아지 스피커의 꼬리를 감았을 때 사용한 갈색 고무줄로 만들었어요. 순간접착제를 조금씩 붙여가며 고무줄을 돌돌 말았죠. 꼬리는 꼭 어떻게 하라고 정해진 것이 아니기 때문에 취향에 맞게 운동화 끈이나 노끈을 응용해 봐도 좋을 것 같습니다.

새집 키홀더

난이도 : ★★☆☆☆ 소요시간 : 3시간

⟶ 요즘은 문이 전자식으로 바뀌는 추세라 열쇠의 사용 빈도가 점차 줄고 있는 것 같아요. 예전에는 멀리 여행을 갔다 오면 열쇠고리 선물도 많이 했는데 말이죠. 다행히(?) 작업실 문은 열쇠를 사용해야 했기 때문에 키홀더를 만들었습니다. 따로 키홀더가 없어서 책상이나 선반 위에 올려놓는 경우가 많았는데, 꼭 찾으려고 하면 보이질 않더군요. 문이나 책상 근처에 두어서 열쇠를 보관할 수 있는 홀더가 필요했습니다.

참고할 만한 이미지를 얻기 위해 인터넷을 검색해 보니 'Sparrow Key Ring'이라는 제품을 찾았습니다. 열쇠고리에 참새가 달려 있는데, 홀더가 새집 형태로 되어 있어서 열쇠를 그 안에 넣으면 보관할 수 있는 구조였어요. 앙증맞은 형태의 감성적인 디자인이었습니다. 여기에서 힌트를 얻어 좀더 단순한 형태의 새집 키홀더를 만들었어요. 소재는 시멘트를 이용했죠. 부록의 도면과 조립도를 참고하세요.

Materials

1	자 / 2,200원	8	파인우드 원형(Ø10mm) / 1,400원
2	원형커터 / 24,700원	9	칼 / 3,100원
3	종이그릇 / 1,100원(10개)	10	나무스틱 / 2,500원(1묶음)
4	자석(10mm×10mm×10mm) / 1,000원	11	양면테이프 / 2,600원
5	톱 / 4,500원	12	포맥스(1mm) / 900원
6	순간접착제 / 3,000원	13	투명 PVC판(0.3mm) / 400원
7	가위 / 2,700원	14	모르타르 시멘트 / 5,000원

→ 강력자석은 클립 홀더를 만들 때처럼 대한자석에서 구입했습니다. 온라인에서 비슷한 크기의 자석을 구할 수 있어요. 파인우드 원형은 남대문 알파문구점에서 구매했습니다.

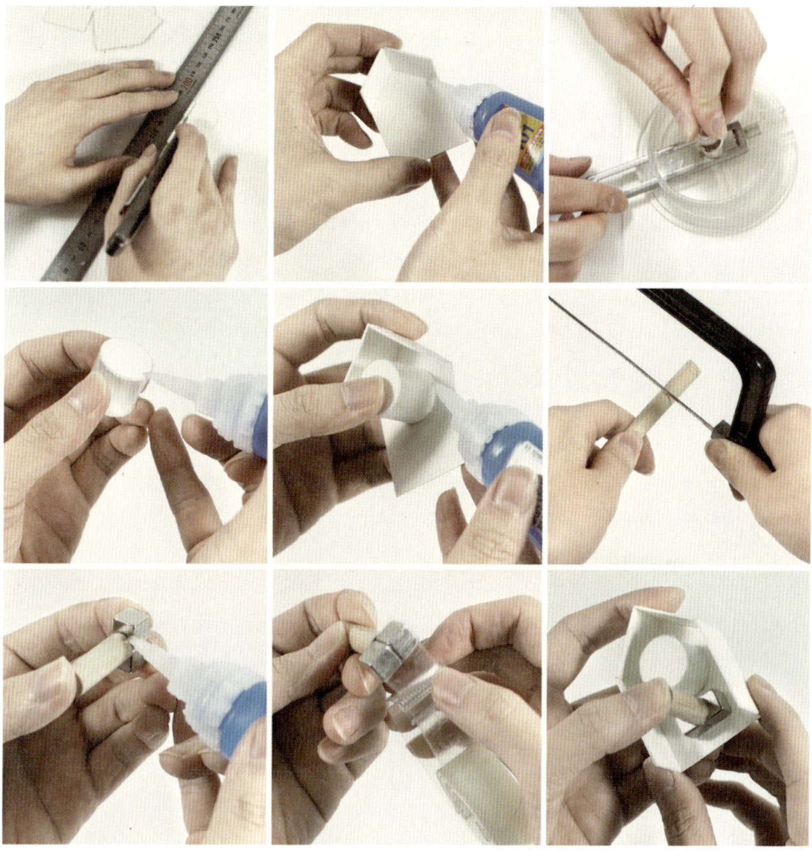

Process

1 먼저 도면과 조립도에 맞춰 포맥스를 잘라 주세요.

2 그리고 집 모양으로 틀을 만들어 줍니다.

3 원형커터로 'Part B'를 2개 만드세요.

4 여기에 투명 PVC판을 말아 붙여서 원기둥을 만드세요.

5 'Part C'의 위치에 맞춰서 원기둥을 붙여 줍니다.

6 톱으로 원형 목봉을 30mm 길이로 잘라 주세요.

7 이것을 자석 뭉치에 붙입니다.

8 자석 아래쪽에 양면테이프를 붙인 후,

9 틀에 위치에 맞춰 고정해 줍니다.

10 드릴이나 가위 등을 이용해 'Part A'에 맞춰 구멍을 뚫습니다.

11 원형 목봉에 구멍을 맞춰서 틀을 닫은 다음,

12 순간접착제로 고정해 주시면 틀이 완성됩니다.

13 아래쪽은 막지 마세요. 여기로 시멘트 반죽을 부을 거예요.

14 모르타르 시멘트를 잘 개어 준 다음,

15 틀에 부어 줍니다. 거꾸로 부을 테니, 미리 틀 지지대를 만들어 주면 작업이 수월해집니다.

16 손으로 감싸서 조심스럽게 바닥에 두드려 주면, 나중에 기포가 생기지 않아요.

17 시멘트가 굳은 뒤 틀을 뜯어냅니다.

18 안쪽 틀은 제거하기 쉽지 않으니, 니퍼나 송곳을 이용하세요.

홀더 뒷면에 강력자석을 심은 이유는 철판으로 이루어진 곳이면 못 없이도 간단히 부착할 수 있기 때문입니다. 집 안 현관문이나 냉장고, 책상 옆에 있는 철제 서랍에 키홀더를 붙일 수 있어요. 일반 벽면에 부착할 때는 중앙에 있는 구멍을 통해 못에 걸어 두세요.

제작할 때 한 가지 유의해야 할 점은 파인우드 원형 목봉을 잘라낸 다음, 테이프로 서너 번 감싸 줘야 한다는 것입니다. 시멘트 반죽이 닿는 부분만 말이죠. 그 이유는 시멘트가 다 굳었을 때 갈라지고 부서지는 것을 방지하기 위해서입니다. 시멘트 반죽의 물기가 나무에 닿으면, 나무의 특성상 물을 흡수합니다. 시간이 지나면서 시멘트는 굳는데, 물기 묻은 나무는 팽창하기 때문에 시멘트에 균열이 생기게 되요. 따라서 잘라낸 원형봉 끝부분의 10㎜ 정도만 테이프로 감싸 주세요.

강력자석 두 개를 심었더니 자력이 꽤나 강해졌습니다. 철판에 대충 던져도 알아서 딱 달라붙을 정도였어요. 거칠게 철판에 붙이면 강한 충격으로 인해 새집이 부서질 위험이 있으니 살살 다뤄 주세요.

시멘트 조명

난이도 : ★★★☆☆ 소요시간 : 3시간

———→ 협탁이나 선반에 올려놓을 간단한 조명 기구를 만들었습니다. 전등갓 없이 전구를 노출시킨 시멘트 조명입니다. 원통 형태의 단순한 구조로 이루어져 있기 때문에 제작하는 데 큰 어려움은 없어요. 대신 일반 전구를 꽂으면 다소 밋밋해 보일 수 있기 때문에 최근 인테리어 디자인 조명으로 각광받는 클래식 전구가 더 잘 어울립니다. 일명 에디슨 전구라고 불리는 조명이에요. 필라멘트가 도드라지게 보이는 특징이 있습니다. 불을 켜면 전구 자체만으로도 심미적으로 아름답죠. 다른 전구와 비교해서 빛이 밝지 않기 때문에 노출 등기구에 이용하기 좋은 전구입니다.

인터넷으로 에디슨 전구를 검색해 보면 전구의 형태, 크기, 필라멘트의 밝기에 따라 다양한 종류의 제품을 찾을 수 있습니다. 직접 눈으로 확인하고 싶다면 을지로 조명 상가를 방문해 보세요. 쇼윈도에 다양한 제품들이 진열되어 있습니다.

부록의 도면과 조립도를 참고하세요.

Materials

1   스위치 전선 / 3,300원
2   소켓 / 1,500원
3   에디슨 전구 / 10,000원
4   니퍼 / 4,500원
5   순간접착제 / 3,000원
6   절연테이프 / 900원
7   테이프 / 1,500원

8   원형커터 / 24,700원
9   종이그릇 / 1,100원(10개)
10 드레멜 / 53,000원
11 포맥스(1mm) / 900원
12 칼 / 3,100원
13 투명 PVC판(0.3mm) / 400원
14 나무스틱(1묶음) / 2,500원
15 모르타르 시멘트 / 5,700원

——→   전구는 을지로 조명 상가에서 구매했어요. 인터넷에 에디슨 전구를 검색하면 비슷한 전구
를 찾을 수 있습니다. 스위치 전선과 전구 소켓은 동네 철물점에서 구할 수 있어요.

Process

1 'Part B'에 맞춰, 포맥스를 잘라 준 다음,

2 조립도의 치수에 맞춰 투명 PVC판도 잘라 주세요.

3 이 두 개를 합쳐서 원기둥 형태의 틀을 만 들어 줍니다.

4 뚫려 있는 부분의 15mm 밑으로 전선이 통과 할 구멍을 뚫어 줍니다.

5 그 구멍으로 스위치 전선을 통과시켜 준 다음,

6 니퍼를 이용해 전선의 피복을 벗겨내세요.

7 소켓 전선의 피복도 벗겨냅니다.

8 전선을 서로 맞물려 꼬아 줍니다.

9 합선이 일어나지 않게 각 전선을 절연테이 프로 꼼꼼히 감아 주세요.

10 혹시나 시멘트 반죽의 물기가 스며들 수도 있
    으니, 전체를 한 번 더 꼼꼼히 감아 줍니다.

11 틀에서 살짝 고정만 시킬 수 있게, 소켓에
    순간접착제 한 두 방울만 묻혀 주세요.

12 재빨리 틀 중앙에 고정시킵니다.

13 'Part A'를 틀에 끼워 순간접착제로 붙여 주
    세요.

14 모르타르 시멘트에 물을 섞어서 반죽을 저
    어 줍니다.

15 틀에 부어 주세요.

16 바닥에 살살 두드려 주는 것도 잊지 마세요.

17 시멘트가 다 굳으면 틀을 뜯어냅니다.

18 마지막으로 예쁜 전구를 끼워 주면 완성.

　스위치 전선은 전선 중간에 스위치와 플러그가 일체형으로 결합된 전기자재입니다. 전구 소켓만 연결하면 간편하게 조명 하나쯤은 뚝딱 만들 수 있어요. 을지로, 청계천 상가 일대에는 이러한 전기자재를 취급하는 전업사가 밀집되어 있습니다. 요즘은 온라인 철물점이 발달되어 있기 때문에 직접 발품을 팔지 않아도 이러한 자재를 쉽게 구할 수 있어요.

　가장 주의해야 할 점은 전기를 다루는 일인 만큼 배선 작업을 할 때, 신중하고 꼼꼼히 작업해야 한다는 것입니다. 전구 소켓과 전선 스위치에는 각각 두 개의 전선이 있어요. 순서는 상관없지만 각각의 선을 맞물려서 연결시킨 다음, 합선이 일어나지 않게 절연테이프로 꼼꼼히 감아 주는 것이 관건입니다.

　시멘트 반죽을 붓기 전에 불이 들어오는지 확인해 보세요. 불이 들어오는 것을 확인했으면 반드시 플러그를 뺀 상태에서 틀에 시멘트 반죽을 붓습니다. 다시 한 번 말씀드리지만 모든 작업은 전원이 꺼진 상태에서 이루어져야 합니다. 단순히 스위치만 끈 상태가 아닌 플러그 자체를 뺀 상태에서 작업하세요. 첫째도 안전, 둘째도 안전입니다.

시멘트 파이프 시계

난이도 : ★★★☆☆ 소요시간 : **4시간**

———→ 시멘트를 이용한 시계 만들기에 도전했습니다. 작업실에 시계가 없었거든요.

어떠한 형태로 디자인할까 고민하던 중에, 소재에 어울릴 만한 모티브를 찾기로 했습니다. 그때 발견한 것이 콘크리트 하수관이었어요. 가끔 길 가다가 하수관 공사 현장을 보게 되는 경우가 있었는데, 콘크리트로 이루어진 커다란 원통 파이프가 무척 신기하곤 했습니다. 저렇게 커다란 하수관을 어떻게 제작할까 궁금했었거든요. 이 조형을 모티브로 비율을 축소해서 시계에 적용해 보면 재미난 요소가 될 것 같았습니다.

하지만 단순히 이 형태만으로는 시계가 너무 밋밋했어요. 그래서 마치 커다란 칼로 시멘트 덩어리를 잘라낸 것처럼 디자인을 수정했습니다. 원통을 대각선으로 자르니 타원 형태로 면적이 넓어졌는데 이를 바닥 면으로 활용하니 더 안정적인 구조를 유지할 수 있었어요. 무엇보다 책상이나 선반 위에 시계를 올려놨을 때, 사용자가 시간을 보기 편안한 각도를 만들 수 있었죠.

부록의 도면과 조립도를 참고하세요.

Materials

1   나무스틱 / 2,500원(1묶음)

2   칼 / 3,100원

3   시계 무브먼트 / 1,000원

4   종이컵 / 1,000원(50개)

5   종이그릇 / 1,100원(10개)

6   가위 / 2,700원

7   글루건 심(소) / 1,400원(1묶음)

8   순간접착제 / 3,000원

9   테이프 / 1,500원

10   양면테이프 / 2,600원

11   원형커터 / 24,700원

12   포맥스(1mm) / 900원

13   투명 PVC판(0.3mm) / 400원

14   모르타르 시멘트 / 5,000원

→ 시계 무브먼트는 온라인을 통해 구매했어요. 오프라인으로는 대형 문구점이나 대형 화방에서 구할 수 있습니다.

Process

1 도면을 복사해서 양면테이프로 PVC와 붙여 주세요.

2 복사기가 없을 경우, 투명 PVC판을 도면 위에 놓고 본을 뜹니다. 그 다음 투명 PVC판을 잘라 주세요.

3 'Part C-1'과 'Part C-2'를 테이프로 연결합니다.

4 도면에 맞춰 원형 커터로 포맥스를 재단합니다.

5 'Part D'를 8개를 뭉쳐서 옆면을 테이프로 감아 주세요.

6 튀어나온 테이프는 칼로 정리합니다.

7 그 다음 한쪽 면에 양면테이프를 꼼꼼히 붙인 뒤,

8 중심을 맞춰서 'Part E'와 붙여 주세요.

9 이것을 'Part C'의 밑면에 붙입니다.

10 순간접착제를 이용해서 틈이 없도록 꼼
    꼼히 붙여 주세요.

11 'Part B'의 중심에 구멍을 뚫습니다.

12 글루건 심 끝부분의 10mm 정도를 테이프
    로 서너 번 감싸세요.

13 외부 틀 중앙에 순간접착제를 한 방울 떨
    어뜨려 준 다음,

14 글루건 심을 세워서 붙여 줍니다.

15 이렇게 외부 틀과 내부 틀이 완성되었어요.

16 사진과 같이 외부 틀의 글루건 심을 통해
    내부 틀을 끼울 거예요.

17 요플레보다 살짝 더 걸쭉하게 반죽을 만
    듭니다.

18 테이프를 감아 놓은 높이만큼만 반죽을
    붓습니다.

19 바닥에 살짝 두드려서 고르게 펴준 다음,

20 내부 틀을 글루건 심에 끼워 주세요.

21 옆면을 통해 시멘트 반죽을 부어 주세요.

22 바닥에 살짝 두드려서 기포를 제거해 준
다음, 나무스틱을 이용해서 면을 정리합
니다.

23 이 상태로 이틀 정도 굳히세요.

24 칼로 조심스럽게 틀을 벗겨냅니다.

25 내부 틀은 제거하기 쉽지 않으니, 더 주
의하세요.

26 안쪽 구멍에 맞춰서 시계 무브먼트를 장
착하세요. 순간접착제로 고정시킵니다.

27 마지막으로 시계 바늘을 끼워 주면 완성!

시계 무브먼트는 형태와 높이에 따라 여러 종류가 있습니다. 그중, 시멘트 파이프 시계에는 기본형(전체 사이즈: 55mm×55mm)으로 나사 축의 길이가 18mm인 제품을 사용하는 것이 좋습니다. 그 이유는 시멘트의 두께 때문이죠. 시멘트 틀의 두께가 너무 얇다 보면 부서질 우려가 있어서 5~10mm 정도의 두께를 유지해야 합니다. 이때, 시계 나사 축의 높이가 낮으면 시계 바늘을 꽂을 수가 없어요. 이를 계산해 봤을 때, 축의 길이가 18mm 정도의 제품이 이상적이더군요.

시계 바늘은 원하는 크기가 없어서 가위로 잘라 형태를 다듬었습니다. 자신의 취향에 맞게 응용해 보세요.

자신만의 시계로 책장이나 선반 위를 장식해 보세요. 시멘트로 이루어진 심플하고 모던한 시계가 여러분의 공간을 한층 더 돋보이게 만들어 줄 거예요.

시멘트 저금통

——→ 부자가 되고 싶었습니다. 그래서 저금통을 만들었습니다.

앞에 동전이 놓여 있지 않았다면, 무엇에 쓰는 물건인지 이해하기 힘들었겠죠. 얼핏 보면 콘크리트 건물을 축소시켜 만든 모형 같기도 합니다. 자세히 보니 단순한 시멘트 벽돌이네요. 하지만 이 저금통에는 놀라운 기능이 숨겨져 있습니다. 부자로 만들어 주는 엄청난 기능이 있죠.

저금통의 디자인이 직육면체의 매우 단순한 형태이기 때문에 자칫 진부해 보일 수 있었어요. 그래서 동전 투입구에 작은 변화를 줬습니다. 일반적으로 저금통의 투입구는 위쪽에 위치하지만 이를 앞면까지 길게 늘였어요. 그랬더니 뭔가 새로운 디자인 요소가 발생했습니다. 단순히 동전 구멍의 위치만을 바꿔 줬을 뿐인데 말이죠. 길게 늘어진 구멍이 시각적 재미를 주는 포인트가 되었어요.

부록의 도면과 조립도를 참고하세요.

Materials

1 포맥스(1mm) / 900원

2 자 / 2,200원

3 종이그릇 / 1,100원(10개)

4 순간접착제 / 3,000원

5 발사 판재(150mm×3mm×900mm) / 3,600원

6 사포 / 500원

7 모르타르 시멘트 / 5,000원

8 롱노우즈 / 2,800원

9 나무스틱 / 2,500원(1묶음)

10 칼 / 3,100원

11 톱 / 4,500원

⟶ 발사 판재는 남대문 알파문구와 같이 대형 문구점이나 대형 화방에서 구매할 수 있습니다.
온라인으로는 아가미 모델링이나 알파문구 홈페이지를 이용하세요.

Process

1 조립도에 맞춰 포맥스를 잘라 줍니다.

2 한쪽 옆면이 트인 상태의 직육면체 외부 틀을 만들어 주세요.

3 'Part A'를 3개 겹쳐서 붙입니다.

4 이 뭉치를 외부 틀 안에 고정시킵니다. 한쪽 면에서 20mm 정도 띄워 주세요.

5 조립도를 참고하여 직육면체 내부 틀을 만듭니다.

6 'ㅁ'자 형태의 뭉치를 만들어서,

7 내부 틀 상단에 붙여 주세요.

8 내부 틀을 외부 틀 안에 고정시킵니다.

9 큰 틀의 나머지 옆면을 붙여서, 틀을 완성시킵니다.

10 다음으로 시멘트를 물에 잘 개어서,

11 틀에 부어 줍니다. 바닥에 통통 쳐 줘야 내부 깊숙한 곳에도 반죽이 잘 채워져요.

12 파손 위험이 있으니, 시멘트가 다 굳으면 내부 틀부터 뜯어내세요.

13 상대적으로 외부 틀은 제거하기 수월합니다.

14 동전 투입구에 있는 틀을 제거할 때는 주변 모서리가 깨지지 않게 주의해 주세요.

15 톱을 이용해 발사 판재를 60mm×60mm 크기로 자릅니다.

16 모서리를 사포로 잘 다듬어 주세요.

17 나무판을 대각선으로 기울여서 아래쪽 구멍으로 넣어준 다음,

18 저금통을 세우면 사진처럼 바닥이 막힙니다.

틀 제작에서 시멘트 반죽을 붓기까지, 큰 어려움은 없습니다. 오히려 틀을 제거하는 부분이 쉽지 않더군요. 맨 손으로 틀을 제거한다는 것은 거의 불가능하기 때문에, 니퍼나 롱노우즈를 이용하세요. 파손의 위험이 있으니 내부 틀부터 제거하는 것이 좋습니다.

별 다른 잠금 장치가 없어도, 중력이 자연스럽게 나무판을 닫아 주는 역할을 하기 때문에 돈이 빠질 위험이 없습니다. 내부에 동전이 쌓일수록 무게가 늘어나기 때문에 잠금 장치가 견고해지겠죠. 반면 저금통을 거꾸로 뒤집어 주면 나무판이 열리면서, 쉽게 동전을 빼낼 수 있습니다.

하지만 한 가지 매우 치명적인 단점이 있어요. 너무 욕심 부려서 저축하다 보면 저금통에 동전이 가득 쌓이게 되어, 나중에 나무판이 열리지 않게 됩니다. 그때는 할 수 없이 저금통을 부숴야겠지요.

따라서 2/3까지만 채우면 더 이상은 저축하고 싶어도, 모아둘 수 없는 돈이 생기게 됩니다. 그만큼 부자가 된 거죠. 초반에 말씀드린 것처럼 이 저금통에는 그러한 기능이 숨겨져 있어요. 책 던지지 마세요.

괘종시계

난이도 : ★★★★☆   소요시간 : 6시간

⟶ 괘종시계는 시간마다 종이 울리는 시계로 보통 추가 있으며, 벽이나 기둥에 걸어 둡니다. 반면 대형 괘종시계처럼 바닥에 세워 놓는 타입도 있어요. 이러한 괘종시계를 소형화해서 책장이나 선반 등에 올려놓을 수 있는 오브제로 만들었습니다. 형태는 뻐꾸기시계를 모티브로 집 모양을 단순화시켰어요. 시계추가 있어야 했기 때문에 기다란 집 형태가 되었죠. 가운데에 커다랗게 뚫어 놓은 구멍을 통해, 부지런히 움직이는 시계추를 볼 수 있습니다.

시멘트 파이프 시계에서 잠깐 설명해드렸듯이, 시중에는 여러 종류의 시계 무브먼트가 있습니다. 그중에 시계추가 달린 무브먼트도 있어요. 실제 괘종시계처럼 소리가 나거나, 시간을 조정할 수 있는 조속장치가 있는 것은 아니지만, 시계추의 움직임을 통해 시각적 즐거움을 주기에는 충분합니다.

부록에 있는 도면과 조립도를 참고하세요.

Materials

1. 니퍼 / 4,500원
2. 가위 / 2,700원
3. 원형커터 / 24,700원
4. 삼부 볼트(Ø10mm×20mm) / 200원
5. 원뿔 다보(Ø20mm×10mm) / 1,400원
6. 시계추 무브먼트 / 2,300원
7. 테이프 / 1,500원
8. 칼 / 3,100원
9. 글루건 심(소) / 1,400원(1묶음)
10. 순간접착제 / 3,000원
11. 종이그릇 / 1,100원(10개)
12. 나무스틱 / 2,500원(1묶음)
13. 톱 / 4,500원
14. 포맥스(1mm) / 900원
15. 투명 PVC판(0.3mm) / 400원
16. 모르타르 시멘트 / 5,000원

⟶ 다보는 을지로 3가역 10번 출구에 있는 다보나라에서 구매했습니다. 다양한 종류의 제품을 직접 보고 고를 수 있어요. 철물 쇼핑몰에서 다보를 검색하면 온라인으로도 구매 가능합니다.

Process

1 조립도에 맞춰 'Part B'에 투명 PVC를 감싸서 원통을 만듭니다.

2 이 원기둥을 'Part A'의 점선 위치에 맞춰 붙여 줍니다.

3 'Part E'와 'Part F'를 조립하여 내부 틀을 만드세요.

4 'Part C'와 'Part D'를 붙입니다.

5 이것을 'Part F'의 점선 위치에 맞춰 내부 틀에 연결하세요.

6 원기둥에 맞춰 순간접착제로 내부 틀을 고정시킵니다.

7 'Part E'의 점선 위치에 글루건 심을 붙입니다.

8 나머지 'Part A'의 구멍을 뚫어 줍니다.

9 옆면을 붙이세요.

10 글루건 심을 구멍에 끼워서 틀을 결합시킵니다.

11 틈이 생기지 않도록 순간접착제로 꼼꼼히 붙여 주세요.

12 마지막으로 지붕 뚜껑을 붙여서 틀을 완성합니다.

13 시멘트 반죽을 부은 후, 재빨리 다보를 심어 줍니다.

14 시멘트가 다 굳었으면 조심스럽게 틀을 벗겨 냅니다.

15 걸리적거리는 시계추 끝부분은 잘라냅니다.

16 자신의 취향에 맞게 시계추를 만들어서 무브먼트에 붙이세요.

17 본체에 시계 무브먼트를 고정시킵니다.

18 마지막으로 시계 바늘을 끼워 주면 완성!

흔히 장식 볼트라 불리는 다보는 종류가 매우 다양해요. 크게 형태에 따라 평형, 원뿔, 기둥, 볼 등으로, 소재에 따라 크롬, 알루미늄, 니켈, 금장, 아크릴 등으로 나뉩니다. 여기에서 크기, 내경 지름, 용도별로도 다양한 제품이 있어요.

괘종시계에 사용한 제품은 원뿔 다보와 삼부 볼트입니다. 원뿔 다보가 너트 역할을 하기 때문에 삼부 볼트를 다보 안으로 돌려 끼울 수 있어요.

이러한 다보를 괘종시계에 적용한 이유는 심미적으로 디자인 완성도를 높여 주고 싶었기 때문입니다. 또한 시계 밑면에 다보를 부착함으로써 바닥의 평형을 맞출 수 있었어요. 시계 틀을 거꾸로 돌려서 시멘트 반죽을 붓다 보니, 아무래도 바닥면이 매끄럽지 못하더군요. 아무리 면을 고르게 펴 발라도 많은 양의 시멘트 반죽을 사용하다 보면, 굳으면서 살짝 수축 현상이 일어나게 됩니다.

바닥면이 고르지 못해도 다보를 사용하면 하나씩 돌려 끼울 수 있기 때문에, 높이 조절을 통해 중심을 잡을 수 있었어요. 또한 시계가 바닥에 닿지 않기 때문에 시멘트 가루가 묻어나는 일도 없었죠.

CD 턴테이블

——→　스마트폰이 점차 대중화 되면서 여러 휴대용 기기들이 사라지게 되었죠. 누구나 하나쯤 갖고 있을 MP3, PMP, CDP, MDP, 워크맨 등이 이제는 추억의 제품이 되었습니다. 아마 서랍 깊숙이 어딘가에 묻혀 있을 거예요. 이중, 잠자고 있던 CD 플레이어를 꺼내어 멋진 인테리어 소품으로 탈바꿈시켰습니다. 모듈을 재활용하여, 마치 무인양품의 벽걸이 CD 플레이어처럼 미니멀한 형태의 오브제로 말이죠.

　사실 이번 아이템은 아이디어 수첩에 적어 놓은 첫 번째 아이디어였어요. 하지만 이를 현실화시키기까지 오랜 시간이 필요했습니다. 아무래도 전자제품이다 보니 신경 쓸 부분이 많았거든요. 모양뿐만 아니라 실제로 CD를 구동하여 음악이 나오게끔 내부 구조도 설계해야 했습니다. 부품의 배치나 크기, 전원과 스피커 출력 등을 신중히 고려해서 시멘트 틀 제작에 들어갔어요. 그 과정은 무척 고됐지만 결과는 대만족이었습니다. CD가 빙글빙글 돌아가며 음악이 나오는 순간, 그 감동을 잊을 수가 없네요. 부록에 있는 도면과 조립도를 참고하세요.

Materials

1 순간접착제 / 3,000원
2 칼 / 3,100원
3 종이그릇 / 1,100원(10개)
4 약수저 / 2,000원
5 스피커 모듈 / 1,000원
6 원뿔 다보(Ø20mm×10mm) / 1,400원
7 평형 다보(Ø20mm×7mm) / 1,000원

8 니퍼 / 4,500원
9 나무스틱 / 2,500원(1묶음)
10 테이프 / 1,500원
11 절연테이프 / 900원
12 삼부 볼트(Ø10mm×50mm) / 200원
13 드레멜 / 53,000원
14 어댑터 / 6,000원
15 조색 안료 / 5,000원(1kg)

16 CD플레이어 / 30,000원
17 정밀 드라이버 / 2,000원
18 포맥스(1mm) / 900원
19 검정색 포맥스(2mm) / 1,200원
20 투명 PVC판(0.3mm) / 400원
21 모르타르 시멘트 / 5,000원

⟶ 어댑터는 CD 플레이어의 전원에 맞는 제품이어야 합니다. 대부분 전원이 4.5V로 되어 있어요. 온라인을 통해서 구매할 수 있습니다.

Process

1. 'Part B'와 'Part C'를 각각 4개씩 합쳐서 내부 틀을 만드세요.

2. 도면에 맞춰 드레멜이나 드릴을 이용하여 구멍을 뚫습니다.

3. 한쪽 면 중앙에 작은 막대를 붙여 줍니다. 전선이 나올 구멍이에요.

4. 투명 PVC 띠를 만들어 테두리를 감싸 줍니다.

5. 'Part A'를 4개 합쳐 포맥스를 자른 다음, 도면에 맞춰 구멍을 뚫습니다.

6. 이것을 틀 윗부분에 붙이세요.

7. 틀의 구멍 사이로 삼부 볼트를 끼워서 다보로 고정해 줍니다.

8. 임시로 틀을 고정시키기 위함이니, 순서 상관없이 위, 아래 모두 다보를 끼우세요.

9. 시멘트에 조색 안료를 섞어 줍니다.

10 색이 잘 나오게 물에 잘 개어 준 다음,

11 준비한 틀에 부어 주세요. 두 손으로 감싸서 바닥에 살짝 두들기며 기포를 제거합니다.

12 다 굳으면 일단 다보부터 제거하세요.

13 틀을 제거합니다.

14 아랫면에 원뿔 다보를 장착합니다.

15 이제 CD 플레이어를 분해하세요.

16 내부 모듈을 잘 챙겨 주세요. 이때 렌즈가 손상되지 않도록 주의해야 합니다.

17 모듈의 크기를 기름종이나 PVC를 올려놓고 본을 떠서, 덮개가 될 검정색 포맥스(2mm)를 재단합니다. CD 플레이어마다 규격이 다르기 때문에 해당 제품에 맞춰서 작업하세요.

18 CD 플레이어 케이스에서 컨트롤 버튼을 떼어냅니다.

19 덮개의 구멍에 맞춰, 버튼을 고정시킵니다.

20 CD 플레이어 모듈을 배치에 맞게 잘 정리한 다음,

21 덮개에 고정시키세요.

22 틀에 만들어 놓은 구멍으로 어댑터 전선을 넣은 다음, 전원을 연결합니다.

23 무전원 스피커를 분해합니다.

24 별도의 전원장치가 없기 때문에 간단히 모듈만 떼어낼 수 있어요.

25 타공 구멍에 맞춰 스피커를 위치합니다.

26 덮개를 덮은 후,

27 평형 다보로 고정시키면 완성!

이번 작업은 디자인 레시피 중 가장 난이도가 높은 작업입니다. 시멘트를 이용하여 틀을 제작해야 하고, 무엇보다 어느 정도 기계에 대한 이해도가 있어야 작업이 수월하거든요.

CD 플레이어마다 모듈의 형태가 다르기 때문에 배치를 고려해서 부품끼리 간섭이 생기지 않도록 세심한 주의가 필요합니다. 이왕이면 윗면에 조작버튼이 달려 있는 CD 플레이어를 추천합니다. 옆면이 시멘트 틀로 막혀 있기 때문에 가능하면 윗면 뚜껑에 조작버튼을 배치하는 것이 좋거든요. 기계 모듈에 익숙한 분이시라면 유리병 조명에서 사용했던 토글스위치를 응용해 보면 더욱 멋진 작품이 탄생할 거예요.

건전지를 사용하지 않고, 전원을 꽂아 오랫동안 사용하기 위해서 어댑터를 연결했습니다. CD 플레이어마다 전원 잭이 있어요. 대부분 4.5V를 사용하기 때문에 CD 플레이어 종류에 상관없이 전원에 맞는 어댑터를 연결하면 됩니다.

시멘트 틀을 만들 때, 조색 안료를 섞은 이유는 윗면이 검정색이라 전체적인 칼라 대비를 줄여 주기 위함이었습니다. 반죽을 제대로 섞지 않았는지 얼룩이 생겼지만, 오히려 은은하게 얼룩진 패턴이 빈티지한 느낌으로 더욱 멋스러워 보이더군요.

Signes
de
la
Nouvelle Alliance
CEL
PARIS
FAMILY
CANE

커튼 제작 도전기
My Stripe

'철수와 영희' 프로젝트를 접어두고, 두 번째로 도전했던 제품은 지퍼를 이용한 커튼이었습니다. '마이 스트라이프^{My Stripe}'라고 이름 지었죠. 옷장과 마찬가지로 사용자가 디자인에 참여하는 콘셉트를 적용했어요. 'My Stripe'는 기다란 커튼 유닛을 기본 단위로 구성했습니다. 사용자가 원하는 색상이나 재질의 유닛을 골라 조합하고 연결하여, 자신만의 커튼을 완성할 수 있도록 디자인했습니다. 또한 유닛을 연결할수록 커튼 폭이 늘어나기 때문에 창문에 맞춰 크기 조절이 가능했어요. 유닛 상부에는 똑딱이 단추를 달아서 커튼을 쉽게 탈부착할 수 있습니다. 그래서 커튼에 부분적으로 얼룩이 생기거나 훼손되었을 경우에 해당 유닛만 떼어내어 세탁하거나 교체할 수 있었죠.

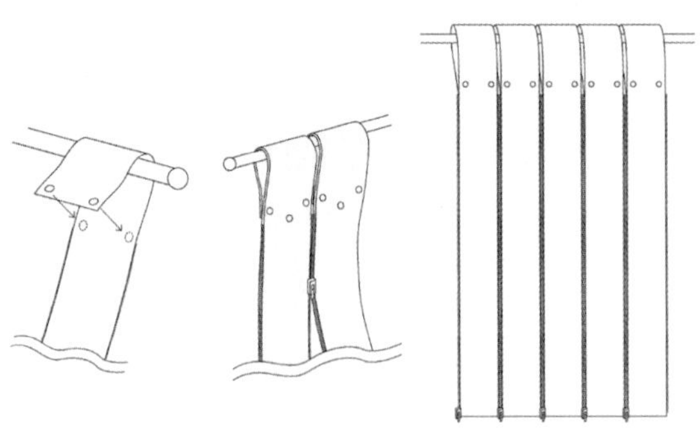

새로운 소재의 또 다른 제품을 만들기 위해서 다시 공부했습니다. 가구를 만들 때와 마찬가지로 대부분 직접 발로 뛰어가며 몸으로 배워야 했어요. 아이디어를 실현시키기 위해 처음 발걸음을 옮긴 곳은 동대문에 있는 종합시장이었습니다. 그곳에서는 원단, 의류 부자재, 액세서리, 혼수용품, 커튼 등 패브릭에 관한 모든 자재를 구할 수 있어요. 미로처럼 복잡한 상가 곳곳을 돌아다니며 커튼에 필요한 재료를 구했습니다. 원단은 비교적 손쉽게 구할 수 있었는데, 문제는 커튼 길이에 맞는 지퍼였어요. 유닛 하나당 1,300㎜ 길이의 지퍼가 필요했는데 기성 제품으로는 맞는 크기가 없어서 따로 제작을 주문해야 했습니다. 하지만 소량 주문이 안 되기 때문에 1,000개를 주문했어요.

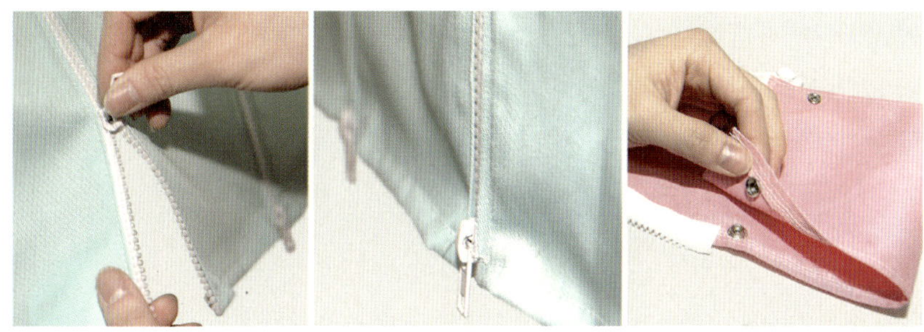

지퍼가 배달되자 지인에게 브라더 미싱을 빌려서 본격적으로 샘플 제작에 나섰습니다. 미싱을 처음 다뤄 보는지라 작업이 쉽진 않았어요. 가구를 제작할 때처럼 도구에 대한 숙련도가 필요했죠. 미싱에 밑실, 윗실을 끼우는 방법부터 실이 엉키거나 끊겼을 때 대처하는 방법까지 처음부터 차근차근 배워나가기 시작했습니다. 하지만 전부 처음 경험해 보는 거라 마음먹은 대로 되지는 않았습니다. 제 의지는 직선으로 가고자 하나 바느질은 어느새 삐뚤빼뚤 제멋대로이기 일쑤였죠. 수많은 시도 끝에 어느 정도 미싱에 익숙해졌고, 여러 개의 샘플 유닛을 만들어 커튼 봉에 연결했습니다. 나름 만족할 만한 샘플을 완성했어요. 그 다음부터는 제품을 생산할 업체를 찾아다녔습니다.

여기저기 수소문 끝에 원하는 가격대에 제작을 해주는 의류 봉제공장을 찾았습니다. 샘플을 들고 가서 제작을 의뢰했어요. 다행히 업체 사장님도 제품에 대해 긍정적으로 생각해 주셨습니다. 계약에 앞서 공장에서 샘플을 제작해서 보여 줬는데, 확실히 전문가의 손길은 다르더군요. 그 자리에서 흔쾌히 계약을 맺고 선금을 입금했습니다. 그 후에 제품이 완성되기만을 즐거운 마음으로 기다렸습니다.

몇 일이 지나 제작이 전부 끝났다는 말을 듣고 다시 공장에 찾아갔습니다. 하지만 이게 웬일! 제품의 품질이 샘플과는 전혀 달랐어요. 마치 제가 만든 것 같았습니다. 어떻게 된 일이냐며 따져 물었죠. 상품성이 너무 떨어졌기 때문에 다시 제작해야 했습니다. 하지만 공장에서는 어느 정도 잘못은 인정하지만 전부 손해 볼 수 없다는 입장을 고수했습니다. 당연히 서로 고성이 오갔죠. 업체를 변경할까 고민했지만 추가 비용뿐만 아니라 생산 단가를 맞춰 줄 수 있는 업체를 다시 찾는 것도 쉽지 않았습니다. 결국 타협안으로 손실된 자재를 새로이 구해 주면, 공장에서 추가 금액 없이 다시 제작해 주는 것으로 합의를 봤습니다. 울며 겨자 먹기로 다시 처음으로 돌아가서, 동대문 종합시장에서 원단과 지퍼를 주문했습니다.

다행히 최종 결과물은 만족할 만한 상태였습니다. 우여곡절이 있었지만 좋지 않았던 과거는 잊고, 그 다음 스텝에 집중하기로 했어요. 완성된 커튼 유닛을 패키지에 넣어 정성스럽게 포장했습니다. 그 후, 여러 온라인 쇼핑몰에 입점하고 주문을 기다렸습니다.

이틀 후 드디어 첫 주문이 들어왔어요. 그때의 기쁨은 이루 말할 수 없습니다. 지금까지 들였던 노력의 결실을 보게 된 거죠. 너무나 신나고 설레었습니다. 주문받은 10개의 커튼 유닛을 택배 박스에 포장해서 첫 고객에게 감사한 마음으로 배송했습니다. 한편으로는 정성스럽게 키워 놓은 자식을 멀리 보내는 아쉬운 기분도 들었어요. 그동안 겪어왔던 수많은 시행착오가 결코 헛되지 않았다는 것을 깨달았습니다. 이제부터가 성공을 향한 첫 발걸음이라는 생각에 자신감과 기대감이 한껏 부풀어 올랐죠.

하지만 그렇게 첫 주문이자 마지막 주문을 끝으로 사업을 접어야 했습니다. 더 이상의 주문은 없었거든요. 990개 커튼 유닛을 재고로 남긴 채 마이 스트라이프는 망했어요.

결과는 실패로 끝났지만 후회해 본 적은 단 한 번도 없어요. 시도조차 하지 않았다면 더 큰 후회가 됐을 테니까요. 그때 당시 잘 모르고 부족해서 아쉬운 점이 많지만, 그 일 년간의 실패를 통해서 많은 것을 깨달았습니다. 가장 큰 변화는 실패에 대한 인식이 달라졌다는 거죠. 그 전까지 실패는 겪어서는 안 되는 부끄러운 것인 줄 알았거든요. 무엇인가 하기에 앞서 실패할 가능성이 크다면 무조건 피해야 한다고 생각했어요. 하지만 그동안 수많은 실수와 실패를 경험하면서 다양한 지식과 정보를 습득하게 되었습니다. 시행착오라는 말이 있듯이 실패는 학습을 위한 수단이지 부정한 결과를 뜻하는 게 아니었어요. 앞으로 무엇을 하든 실패가 두려워 스스로 먼저 포기하는 일은 없을 겁니다.

그렇게 일 년의 시간을 거쳐 다시 복학했어요. 하지만 그 전에 두 달 동안 출판사에서 아르바이트를 하며 돈을 벌어야 했습니다. 부모님 몰래 떼어먹은 학비를 보태야 했거든요. 그때는 오로지 등록금을 버는 게 목적이라 몸과 마음이 고되어 무엇인가 즐길 여유가 없었어요. 결국 좋아하는 일만 하고 살 수 없다는 것을 깨달았죠. 이것도 이제 다 추억이 되었네요. 이제는 옛날이야기입니다. 아! 창업자금으로 써버렸던 등록금은 절반도 못 갚았습니다. 혼났어요.

PART 3

IN THE LIVING ROOM

에어캡 레터링, 티캔들 홀더, 멀티 캔들 홀더, 테트라포드 촛대,
키홀더, 꽈배기 조명, 코끼리 화분, 코뿔소 랙, 유니콘 랙

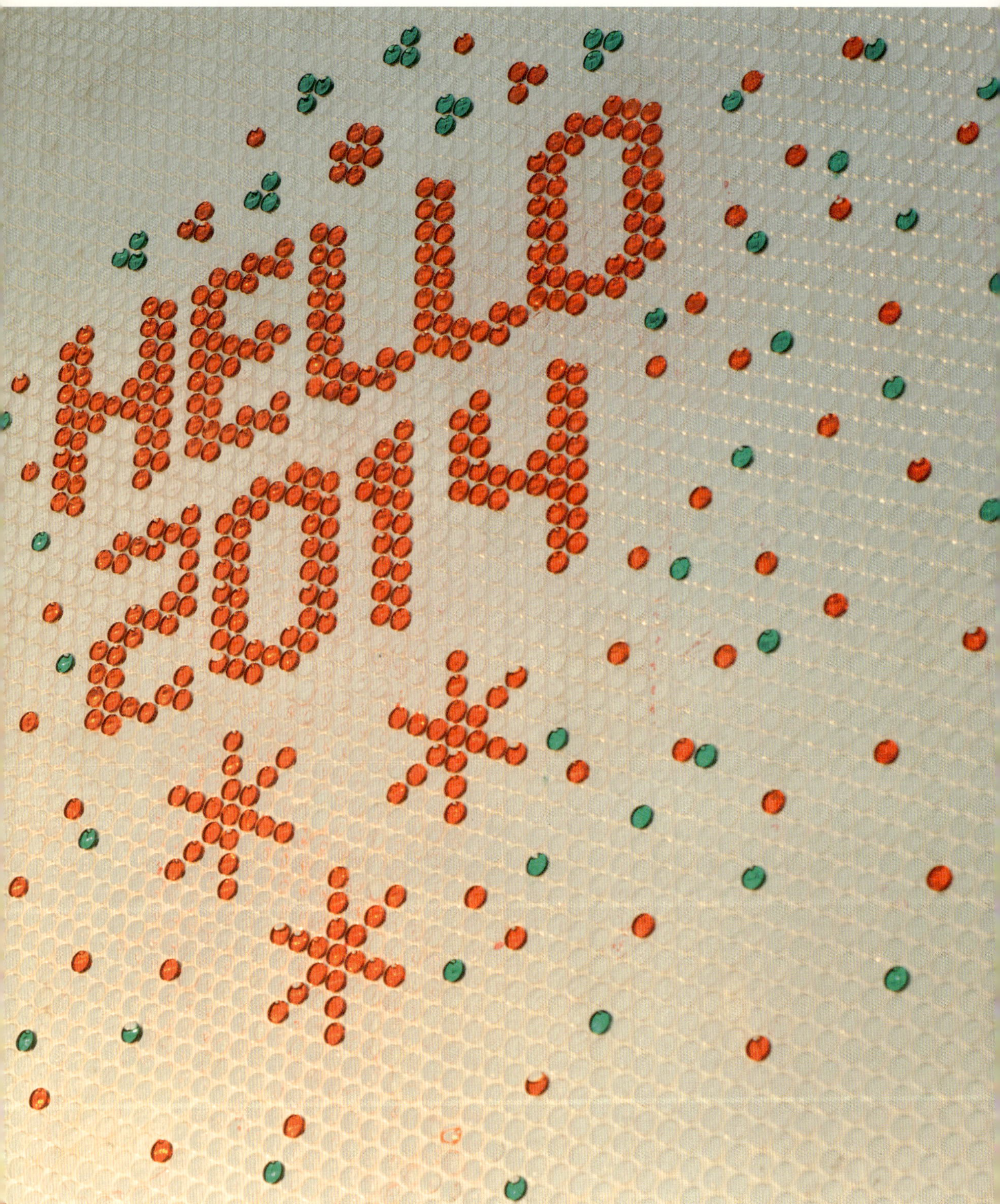

HELLO
2014

에어캡 레터링

난이도 : ★☆☆☆☆   소요시간 : **4시간**

————→   주로 내부 포장지로 쓰이는 에어캡(일명 뽁뽁이)이 겨울철이면 창문 단열용으로, 난방비를 덜어 주는 효자 노릇을 톡톡히 하죠. 작업실이 오래된 건물이라 외풍이 심했기 때문에 단열을 위해 창문에 에어캡을 붙였습니다. 하지만 창문이 뿌옇게 보여서 미관상 좋지 못했어요. 이를 해결하기 위해 주사기로 에어캡에 잉크를 주입하여 창문을 장식해 봤습니다. 단열과 심미성, 두 마리 토끼를 동시에 잡는 방법이었죠.

사실 에어캡 레터링 작업은 'Lo Siento'라는 디자인 스튜디오에서 디자인한 'WIRED' 잡지의 표지를 보고 응용해 본 거예요. 이러한 작업을 해외에서는 'Bubble Wrap Art'라고 하더군요. 구글을 검색해 보면 실제 사진처럼 매우 디테일한 작품도 찾아보실 수 있습니다.

레터링 문구는 새해가 밝아오는 시기였기 때문에 'HELLO 2014'로 정했어요. 적색과 녹색 잉크 카트리지를 물에 희석시켜 주사기로 한 땀 한 땀 채워나갔습니다. 처음에는 막막해 보여도 글자가 완성될 때마다 희열이 느낄 거예요. 겨울철, 에어캡 레터링으로 집안 창문을 화사하게 꾸며 보세요.

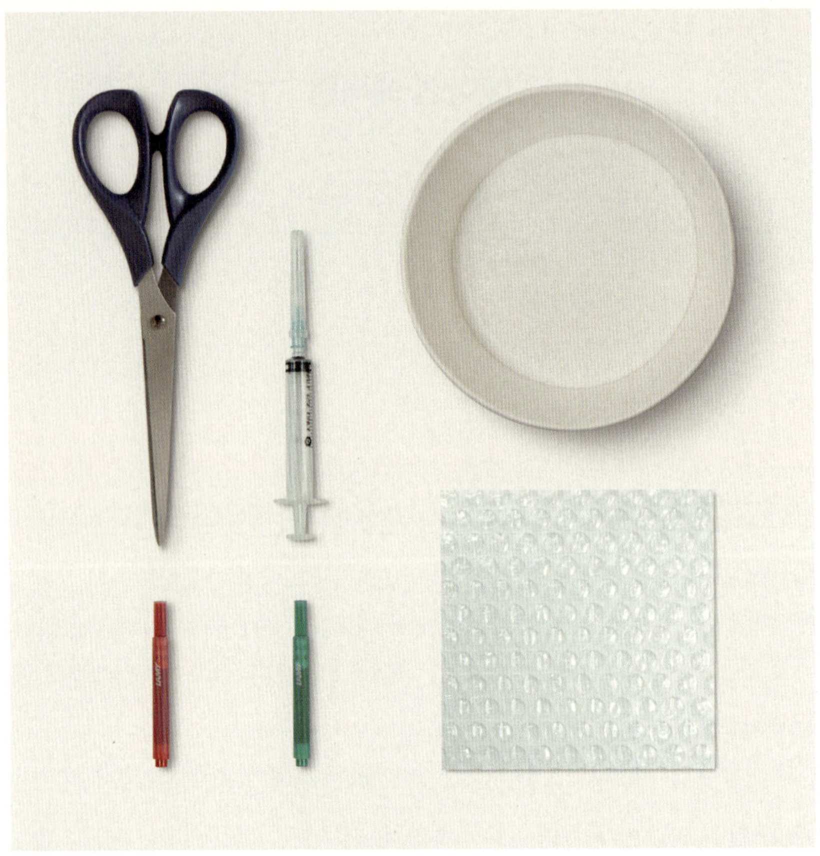

Materials

1 가위 / 2,700원
2 주사기 / 500원
3 종이그릇 / 1,100원(10개)
4 라미 잉크 카트리지(적색) / 4,200원

5 라미 잉크 카트리지(녹색) / 4,200원
6 단열용 에어캡(1롤) / 8,000원

⟶ 주사기는 대형 약국이나 과학사에서 판매합니다. 단열용 에어캡은 대형 마트 또는 온라인에서 쉽게 구할 수 있어요.

Process

1 그동안 블라인드로 작업실 창문을 가려 놓았어요.

2 창문이 너무 더러웠기 때문이죠.

3 스티커 끈끈이가 덕지덕지 묻어 있었습니다.

4 유리창 전제에 스티커 제거제를 뿌려 줍니다.

5 꼼꼼히 닦아내어 유리창을 깨끗이 만들어 주세요.

6 유리창에 분무기로 물을 뿌려 준 다음, 에어캡을 붙입니다.

7 에어캡 위쪽으로 잉크를 새깁니다.

8 한 땀 한 땀 글자를 완성하세요.

9 HELLO 2014

작업할 때, 주의해야 할 점은 에어캡을 꼭 창문에 먼저 붙이고, 그 다음에 주사기로 잉크를 넣어야 합니다. 바닥에 깔아 놓고 작업했다가 창문에 붙이면, 구멍 사이로 잉크가 전부 새어 나오겠죠. 창문에 붙여 놓은 에어캡 위쪽으로 주사기 바늘을 찔러 넣으세요. 그러면 중력으로 인해 자연스럽게 잉크가 고여 있게 됩니다.

난이도가 어려운 작업은 아니지만 한 땀 한 땀 세심한 집중이 필요한 작업이에요. 미리 예상 도안을 만들어서 작업해야 큰 실수가 없습니다. 간혹 의도치 않은 곳에 잉크를 넣는 실수를 했어도 크게 걱정하지 않아도 됩니다. 에어캡 아래쪽으로 바늘을 찔러 넣은 후, 주사기로 잉크를 빼내면 되거든요.

에어캡 레터링이 간단한 방법으로 집안을 꾸밀 수 있는 아이디어지만 한 가지 예상치 못한 문제가 있었습니다. 창문에 붙여 놓다 보니, 시간이 지날수록 서서히 잉크가 증발하더라고요. 단열을 위해 임시적으로 창문에 붙여 놓는 것이기 때문에, 겨울철 2~3개월 정도만 유지하면 될 거라 생각했어요. 하지만 막상 두고 보니 한 달 정도밖에 유지가 안 되더군요. 그래서 리필했어요.

HELLO
2014

티캔들 홀더

난이도 : ★★☆☆☆ 소요시간 : 3시간

→ 원래 처음 의도는 원뿔 모양의 트로피를 만들어 보려고 했어요. 캔들 홀더만 탑처럼 쌓아서 오브제처럼 보이게요. 하지만 윗면과 아랫면의 지름이 달라지기 때문에 원하는 형태를 만들기가 어렵더군요. 그래서 차선책으로 종이컵을 틀로 이용해서 티캔들 홀더를 3단으로 만들었어요. 이것이 가장 처음 진행했던 디자인 레시피 프로젝트였습니다. 하지만 뭔가 매우 엉성해 보이고, 원하는 형태가 아니다 보니 마음에 들지가 않았습니다. 포기할까 했지만 다시 형태를 수정해서 원기둥 형태로 변형시켰죠. 여기에 홀더 사이에 티캔들을 보관하자는 아이디어를 더해서 여러 개로 나눠 사용할 수 있게 만들었습니다. 아이들 장난감같이 쌓는 재미도 있고, 티캔들을 따로 떼어내어 보관하지 않아도 됐기 때문에 기능적으로도 완성도를 높일 수 있었습니다. 부록에 있는 도면과 조립도를 참고하세요.

Materials

1 자 / 2,200원
2 나무스틱 / 2,500원(1묶음)
3 종이그릇 / 1,100원(10개)
4 가위 / 2,700원
5 칼 / 3,100원
6 약수저 / 2,000원
7 테이프 / 1,500원
8 양면테이프 / 2,600원

9 종이컵 / 1,000원(50개)
10 원형커터 / 24,700원
11 티캔들 / 5,200원(12개)
12 조색 안료 / 5,000원(1kg)
13 포맥스(1mm) / 900원
14 OHP 필름 / 150원
15 모르타르 시멘트 / 5,000원

⟶　시멘트 조색 안료는 을지로 4가역 1번 출구에 있는 시대안료에서 구매했습니다. 온라인으로
는 구하기 쉽지 않기 때문에 검정색 패브릭 염색약으로 대신해도 상관없습니다.

Process

1 도면에 맞춰 원형커터로 포맥스를 자르세요.

2 'Part A'를 1개, 'Part B'를 8개, 'Part C'를 1개 만듭니다.

3 'Part B' 8개를 뭉쳐서 옆면을 테이프로 감아 주세요.

4 옆으로 삐져나온 부분은 칼로 커팅하세요.

5 뭉치의 한쪽 면에 양면테이프를 붙입니다.

6 원 중심을 잘 맞춰서 'Part C'에 붙입니다.

7 조립도의 치수에 맞춰 OHP 필름을 자르세요.

8 잘라낸 OHP 필름 위아래에 2mm정도씩 양면테이프를 붙입니다.

9 포맥스 뭉치 옆면에 OHP 필름을 말아가며 붙이세요.

10 윗면에 'Part A'를 붙여서 틀을 완성합니다.
    이렇게 4개의 틀을 만드세요.

11 각기 다른 색을 내기 위해서, 하나씩 만
    들 때마다 조색 안료를 한 스푼씩 더해
    주세요.

12 물을 섞어 요플레보다 좀더 걸쭉하게 반죽
    을 만듭니다.

13 틀에 시멘트 반죽을 붓습니다.

14 5∼10분 시멘트가 살짝 굳었을 때, 나무 스
    틱으로 안을 파 주세요.

15 깊이를 10㎜정도로 만드세요.

16 각기 색이 다르게 4세트를 완성합니다.

17 하루에서 이틀 정도 지나서, 시멘트가 굳으
    면 틀을 벗겨내세요.

18 밑부분의 포맥스 뭉치는 칼로 조심스럽게
    떼어냅니다.

적층 구조라서 티캔들과 홀더를 같이 보관할 수 있습니다. 홀더 사이에 티캔들이 지지대 역할을 하기 때문에 여러 개를 쌓아도 안정감이 생겨요. 어떻게 사용하느냐에 따라서 두 개씩 나눠서 또는 네 개를 같이 사용하는 재미가 있습니다.

시멘트에 색을 넣을 때는 보통 시멘트용 조색 안료를 사용하지만, 일반 철물점에서는 구하기가 힘들고 다양한 색을 구현하지 못한다는 단점이 있어요. 다른 방법을 모색한 결과, 손쉽게 구할 수 있으면서 다양한 컬러를 적용할 수 있는 방법을 찾았습니다. 흰색 시멘트와 패브릭 염색약을 이용한 방법이에요. 일반 모르타르 시멘트는 회색이기 때문에 색이 있는 안료를 섞으면 탁해져서 원하는 색상을 얻기 힘들어요. '헨켈' 제품 중에는 흰색 모르타르 시멘트도 있는데, 석고 가루같이 하얗기 때문에 안료를 섞어서 다양한 색상을 구현할 수 있습니다. 패브릭 염색약은 대형 문구점이나 온라인으로 쉽게 구할 수 있어요. 시멘트 반죽을 만들 때, 염색약을 물에 섞어서 사용하면 됩니다. 시멘트에 컬러를 적용하는 방법은 파인애플 화분에서 자세히 설명하겠습니다.

멀티 캔들 홀더

난이도 : ★★☆☆☆ 소요시간 : 3시간

──→ 티캔들을 샀더니 홀더가 필요했고, 양초를 샀더니 촛대가 필요했습니다. 둘 다 만들기 귀찮았어요. 그래서 티캔들과 양초를 동시에 해결할 수 있는 멀티 캔들 홀더를 만들었습니다.

앞서 티캔들 홀더 제작에 성공했다면, 이번 디자인 레시피를 쉽게 따라해 볼 수 있습니다. 티캔들 홀더와 같이 기초적인 원기둥을 이용한 조형이기 때문이죠. 마치 병마개처럼 생긴 이 시멘트 덩어리에는 윗면과 아랫면에 크기가 다른 구멍이 뚫려 있습니다. 이 구멍으로 한쪽은 티캔들을, 반대쪽은 양초를 꽂을 수 있어요. 일타 쌍코피의 효과가 있습니다.

거실 테이블 위에 여러 개를 올려놓으면, 재미있는 오브제로 사용할 수 있습니다. 가끔씩 집에서 지인들과 모임을 가질 때, 초를 밝혀 특별한 분위기를 만들어 보세요. 부록에 있는 도면과 조립도를 참고하세요.

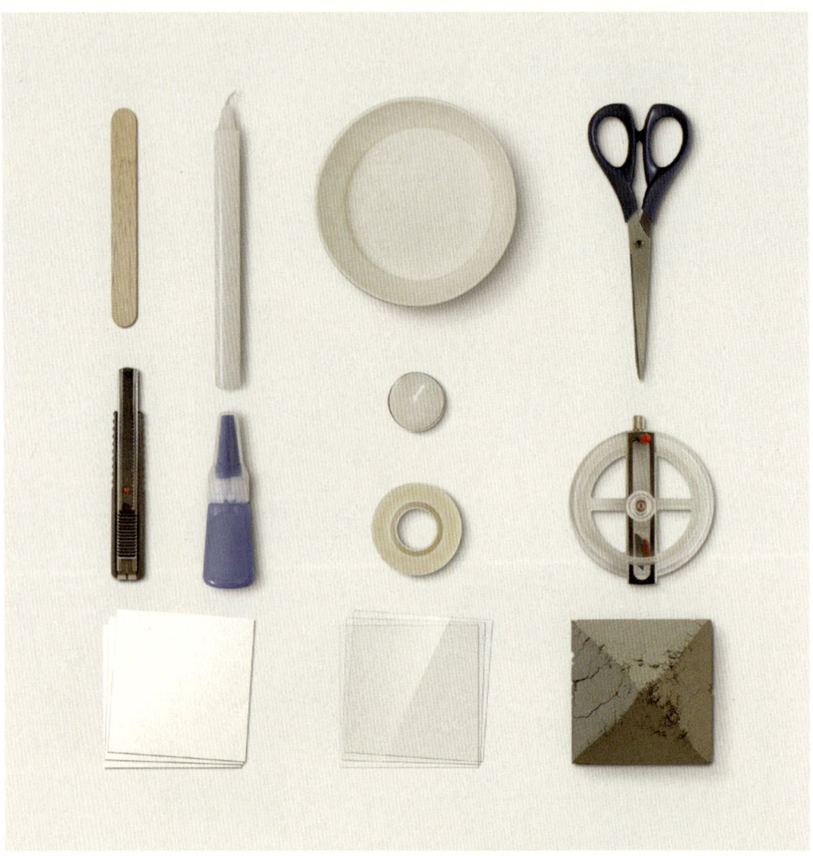

Materials

1   나무스틱 / 2,500원(1묶음)
2   양초 / 2,000원(6개)
3   종이그릇 / 1,100원(10개)
4   가위 / 2,700원
5   칼 / 3,100원
6   순간접착제 / 3,000원

7   티캔들 / 5,200원(12개)
8   테이프 / 1,500원
9   원형커터 / 24,700
10   포맥스(1mm) / 900원
11   OHP 필름 / 150원
12   모르타르 시멘트 / 5,000원

⟶ OHP 필름은 투명 PVC판보다 두께가 더 얇습니다. 동네 문구점에서 구매할 수 있어요.

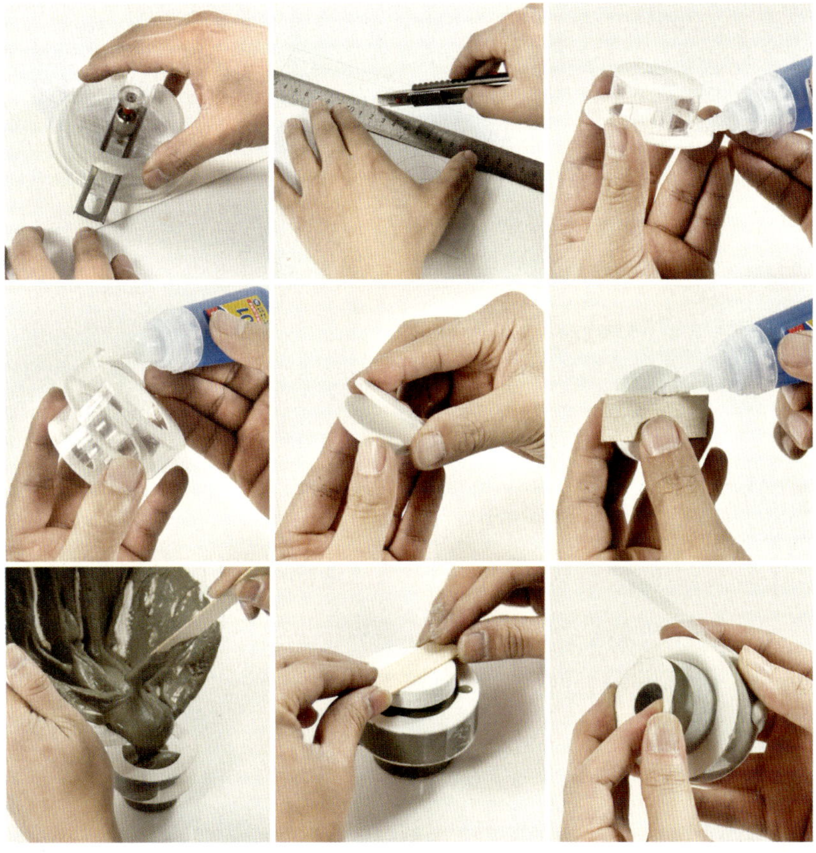

Process

1 도면에 맞춰 포맥스를 잘라 주세요.

2 원기둥 틀의 옆면이 될 OHP 필름도 조립도의 치수에 맞춰 잘라 줍니다.

3 Part D, Part E, Part C를 순서대로 붙여 틀을 만듭니다.

4 마지막으로 'Part B'를 붙여 틀을 완성하세요.

5 'Part A'를 6개 뭉쳐서 옆면을 테이프로 감아 줍니다.

6 이 뚜껑 위에 나무스틱을 붙여 주세요.

7 시멘트를 틀에 부을 때, 윗부분을 조금 남겨 줍니다.

8 뚜껑을 틀 안에 끼워 눌러 주세요.

9 시멘트가 굳으면 틀을 제거합니다.

멀티 캔들 홀더를 만들 때는 투명 PVC판 대신에 OHP 필름을 이용하는 것이 제작에 용이합니다. OHP 필름이 두께가 더 얇기 때문에 둥글게 잘 말려요. 단, 큰 제품을 제작할 때 사용하기에는 틀의 내구성이 약해져 흐물거릴 수 있으므로, 작은 제품에만 적용하는 것이 좋습니다.

나무스틱을 포맥스 뚜껑에 붙여 준 이유는 위에서 반죽을 눌렀을 때, 한쪽으로 기울지 않게 하기 위함입니다. 틀에 반죽을 붓고, 뚜껑을 꾹 눌러 주면 압력에 의해 틀 전체에 시멘트 반죽이 골고루 퍼지게 됩니다. 이때, 남은 반죽은 틈 사이로 새어 나와요. 그러니 틀에 반죽을 전부 채우지 않고, 조금 남겨 두는 것이 좋습니다. 이런 방식이 번거롭다면, 티캔들 홀더를 만들 때처럼 윗부분을 살짝 파줘도 상관없습니다. 하지만 안쪽 면이 울퉁불퉁해지기 때문에 깔끔한 마감을 위해서는 포맥스 뭉치로 뚜껑을 만드는 방법을 추천합니다.

시멘트가 전부 굳으면 조심스럽게 틀을 떼어냅니다. 이때, 시멘트 안에 묻혀 있는 포맥스 뚜껑을 빼내기가 쉽지 않아요. 송곳이나 못을 이용해서, 가운데 부분을 찔러 하나씩 들춰내세요.

테트라포드 촛대

난이도 : ★★☆☆☆ 소요시간 : 3시간

⟶　　흔히 바닷가에 가면 볼 수 있는 테트라포드.

　방파제 및 호안 등에 사용되어 파도의 에너지를 감소시켜 주는 역할을 하는 이 매력적인 콘크리트 덩어리를 제품에 적용해 보면 어떨까 고민해 봤어요. 테트라포드 형태의 가장 큰 특징은 4개의 뿔 모양으로 이루어져, 무게 중심 위치가 낮아 안정성이 좋다는 것입니다. 그래서 어떤 물건을 세우거나 지지대 역할을 해주면 좋겠다고 생각했어요. 그때 양초가 떠올랐습니다. 윗부분 뿔 안을 조금 파내서 양초를 꽂을 수 있게 해주면 딱일 것 같았거든요. 게다가 시멘트를 이용하면 테트라포드와 소재의 통일성도 생기기 때문에 멋진 촛대가 될 것 같았습니다. 그래서 바로 만들기 시작! '라이노'라는 3D 프로그램을 이용하여 모델링을 하고, 이를 도면화 시켰어요. 난이도가 높지 않은 아이템이기 때문에 처음 만들어도 금방 따라할 수 있습니다. 아이들과 함께 만들어 보세요. 부록에 있는 도면과 조립도를 참고하세요.

Materials

1	나무스틱 / 2,500원(1묶음)	7	테이프 / 1,500원
2	양초 / 2,000원(6개)	8	종이컵 / 1,000원(50개)
3	종이그릇 / 1,100원(10개)	9	원형커터 / 24,700원
4	가위 / 2,700원	10	포맥스(1mm) / 900원
5	칼 / 3,100원	11	OHP 필름 / 150원
6	순간접착제 / 3,000원	12	모르타르 시멘트 / 5,000원

⟶ 포맥스나 OHP 필름은 대형 문구점에서 구하실 수 있어요. 앞서 설명처럼, OHP 필름은 PVC 보다 좀더 얇은 투명판입니다. 잘 휘기 때문에 작고 복잡한 틀을 만들 때, 용이합니다.

Process

1 OHP 필름을 도면에 대고 본을 떠서, 가위로 잘라 주세요.

2 'Part B'를 총 4개 준비합니다.

3 끝부분에 테이프를 붙여 주세요.

4 OHP 필름을 말아서 반대 부분에 고정시킵니다.

5 원형커터로 포맥스를 도면에 맞춰 잘라냅니다.

6 그 다음 OHP 필름 안으로 밀어 넣은 후,

7 순간접착제로 단단하게 고정시키세요.

8 'Part A'를 1세트, 'Part C'를 3세트 만듭니다.

9 테이프를 이용해서 조립에 들어갑니다.

10 우선 'Part C' 3세트를 연결시킨 후,

11 마지막에 'Part A' 1세트를 붙입니다. 그래야 손가락을 안으로 넣어서 고정시킬 수 있거든요.

12 사진과 같이 틀을 완성시키세요.

13 모르타르 시멘트에 물을 부은 후,

14 잘 섞어 주세요. 늘 그렇듯 시멘트 농도는 요플레보다 조금 걸쭉하게 하면 됩니다.

15 틀에 시멘트 반죽을 전부 채운 후에,

16 시멘트가 굳기 전에 재빨리 초를 구멍(약 20mm 정도)으로 넣어 주세요. 십분 정도 지나 살짝 굳었을 때, 구멍을 조금 넓혀 줍니다. 그래야 나중에 초를 탈부착하기가 수월해지거든요.

17 이 상태로 하루에서 이틀 보관하세요.

18 시멘트가 다 굳었으면 칼로 조심스럽게 틀을 벗겨내면 끝.

블로그를 운영하던 초반에, 어느 날 문득 방문자 수가 눈에 띄게 높아졌어요. 조금 의아해서 통계를 확인해 보니 처음 보는 사이트에서의 유입률이 높더군요. 뭘까 궁금해서 그 URL을 클릭했습니다. 확인해 보니 어느 분이 게시판에 올리신 글 때문이었는데, 그 글을 보고 많은 분이 블로그를 방문하셨어요. 감사합니다.

사연인즉슨, 아이들과 같이 테트라포드 촛대를 만들어 보려고 시멘트를 구매하셨답니다. 그런데 욕심이 과하셨는지 20kg짜리 시멘트 2포대를 구매하셨더라고요. 1kg짜리 가정용 모르타르 시멘트만으로도 충분히 여러 개를 만들 수 있는데 말이죠. 그런데 막상 택배로 시멘트를 받아 보니, 40kg짜리 2포대가 도착했습니다. 판매처의 실수였죠. 전화를 해서 따지니, 무거우니까 그냥 다 쓰라고 해서 게시판에 글을 남겨 주셨어요. 시멘트가 필요하신 분은 연락 주시라고.

감사합니다. 결론은 아이들과 같이 만들어 보는 과정을 통해서 가족과 함께하는 시간을 가져 보시라는 거죠. 어떻게 만들지 함께 고민하고, 즐기는 소중한 경험을 체험해 보시길 바랍니다. 시멘트 1kg으로 3개 정도 만들 수 있으니, 한 시간에 하나 꼴로 만들면 가족과 240시간 동안 함께할 수 있어요.

키홀더

난이도 : ★★☆☆☆ 소요시간 : 3시간

——→　외출할 때마다 집안 어딘가에 있을 열쇠를 찾아 헤맨 경험이 많았습니다. 분명 선반 위에 둔 것 같은데 매번 누가 숨겨 놓는 건지 한참을 찾아야 보이더라고요. 겨우 열쇠를 찾았더라도 다른 가족의 것일 경우가 많았죠. 새집 키홀더가 사무실이나 서재에서 사용하는 개인용 홀더라면, 지금 소개하는 이 제품은 가족과 함께 여럿이서 공유할 수 있는 키홀더입니다.

열쇠를 보관하는 방식에도 차이가 있는데, 단순히 고리에 거는 방식이 아닌 자석을 이용해 열쇠를 붙여 두는 방식이에요. 거실이나 현관 벽에 못을 이용해 걸어 두거나, 철제 현관문에 그대로 붙여 둘 수 있죠.

처음에는 사각 나무판 뒤에 자석을 심어서 간단하게 만들어 볼까 했지만 왠지 시간이 지나면 잘 사용하지 않을 것 같았습니다. 열쇠를 일정한 곳에 보관하는 습관을 갖게끔, 이를 머릿속에 각인시킬 아이코닉한 형상이 필요했어요. 그래서 크게 만들었어요. 부록에 있는 도면과 조립도를 참고하세요.

Materials

1	드레멜 / 53,000원	**5**	사포 / 500원
2	가위 / 2,700원	**6**	양면테이프 / 2,600원
3	목공본드 / 1,200원	**7**	발사 판재(100mm×1mm×900mm) / 1,200원
4	자석(10mm×10mm×2mm) / 100원	**8**	톱 / 4,500원

⟶　발사 판재는 건축 모형 재료를 파는 대형 문구점에서 구매할 수 있습니다. 강력 자석은 2mm 두께의 얇은 자석을 사용하세요.

Process

1 발사 판재를 100mm × 200mm 크기로 4개 만드세요.

2 그중 2개를 목공본드로 붙인 후, 자석이 들어갈 구멍을 드레멜이나 드릴로 뚫습니다.

3 한쪽 면에 목공본드를 고르게 펴서 발라 주세요.

4 구멍을 뚫지 않은 나무판을 붙입니다.

5 구멍에 자석을 심어 주세요.

6 목공본드를 고르게 펴 발라 줍니다.

7 나머지 나무판을 붙입니다.

8 하루 정도 굳힌 후, 도면에 맞춰 톱으로 잘라 주세요.

9 옆면을 사포로 마무리합니다.

나무판이 너무 두꺼우면 자력이 약해지기 때문에 열쇠가 잘 붙질 않아요. 그래서 1mm 정도 두께의 얇은 판재를 이용하는 것이 좋습니다. 톱으로 잘라낼 때도 작업이 수월해요.

자석은 나무판에 심을 수 있도록 얇은 자석을 사용하세요. 원형이든 사각이든 형태는 크게 상관없지만 2mm 두께의 얇은 자석이 적당합니다.

자석을 심어 나무판을 모두 붙인 후에는 클램프를 이용하여 단단하게 고정시키거나, 나무판 위에 무거운 책을 많이 올려놓은 상태로 보관하세요. 그래야 나무판 사이 틈이 벌어지지 않고 단단히 붙거든요. 그 상태로 하루 정도 충분히 말려 줘야 합니다.

나무판이 서로 단단하게 붙었으면 톱으로 조심스럽게 자릅니다. 열쇠 형태로 재단해야 하기 때문에 실톱을 사용하는 것이 좋아요. 직선보다는 곡선을 자를 때 유리한 도구입니다.

목공본드가 처음에는 흰색이지만 굳어가면서 점점 투명으로 변하는 것을 볼 수 있어요. 나무판을 자른 후, 사포로 다듬으면 본드 자국은 거의 사라집니다.

꽈배기 조명

난이도 : ★★★☆☆ 소요시간 : 6시간

⟶　어렸을 적 만들었던 나무젓가락 구조물이 떠올랐습니다. 만드는 과정은 무척 단순했지만 조금씩 틀어 가며 쌓다 보면 어느덧 멋진 결과물이 탄생했지요. 비슷한 방식을 젓가락 대신에 파인우드 정사각재로 응용해 보았습니다. 'ㅁ'자 구조로 여러 개의 나무틀을 만들어 이를 쌓은 후, 내부에 전구를 꽂으면 멋진 조명이 탄생할 것 같았죠. 실제 제작에 들어가니 마치 DNA 구조처럼 독특한 형태가 나왔습니다. 유선형의 우아한 오브제가 되었어요. 더욱이 매력적인 점은 불을 밝혔을 때였습니다. 나무 틈 사이로 새어 나오는 빛이 매우 몽환적이었거든요.

높이는 정해진 것이 아니기 때문에 개인의 취향에 따라 원하는 만큼 나무를 쌓으면 됩니다. 다소 구조가 복잡해 보일 수 있지만 반복적인 패턴일 뿐, 제작 방식은 매우 단순해요. 자르고 붙이고를 무수히 반복해야 할 뿐입니다. 10층쯤 쌓았을 때, 무념무상의 경지에 오를 수 있어요. 20층을 쌓아서 깨달음을 얻어 보세요.

Materials

1 소켓 / 1,500원

2 절연테이프 / 900원

3 드레멜 / 53,000원

4 전구 / 5,000원

5 순간접착제 / 3,000원

6 스위치 전선 / 3,300원

7 발사 판재(150mm×3mm×900mm) / 3,600원

8 파인우드 직사각재(25mm×3mm×900mm) / 1,650원

9 파인우드 정사각재 2면홈(10mm×10mm×900mm) / 1,560원

10 케이블 타이 / 650원(1묶음)

11 니퍼 / 4,500원

12 톱 / 4,500원

→ 발사, 파인우드 같은 목재는 대형 문구점이나 화방에서 판매합니다. 온라인으로는 '알파문구'나 '아가미모델링' 등 모형 재료 쇼핑몰에서 구매할 수 있습니다.

Process

1 2면홈 정사각재를 25mm 길이로 80개, 80mm 길이로 4개 만드세요.

2 직사각재를 150mm 길이로 84개 만드세요.

3 2면홈 정사각재(80mm)에 순간접착제를 바릅니다.

4 직사각재와 붙여 주세요.

5 다리가 달린 'ㅁ'자 형태의 기본 틀을 완성합니다.

6 150mm×150mm 크기로 발사 판재를 자르세요.

7 잘라낸 판재를 틀의 밑 부분에 고정시킵니다.

8 드레멜이나 드릴을 이용하여 가운데 전선 구멍과 소켓 연결 구멍을 뚫어 주세요.

9 스위치 전선을 구멍으로 빼내서 소켓과 연결합니다.

10 소켓과 틀의 구멍 사이로 케이블 타이를 넣습니다.

11 아랫부분에서 케이블 타이를 묶어 주세요.

12 불필요한 부분은 니퍼로 잘라 주세요.

13 2면홈 정사각재와 직사각재를 연결해서 'ㅁ'자 형태의 틀을 20개 만듭니다.

14 틀 연결 부위에 순간접착제를 바릅니다.

15 조금씩 엇갈리게 하나씩 쌓아가며 붙입니다.

16 곧게 쌓아가는지 확인하면서 작업하세요.

17 마지막 틀까지 붙이면 드디어 완성.

18 조명 높이는 취향에 따라 다르게 하셔도 됩니다.

초등학교 시절, 방학숙제로 탐구생활을 작성하거나 밀린 일기를 쓰는 것은 너무 싫었지만 무언가 만드는 것은 좋아했습니다. 꽈배기 조명의 모티브가 되었던 나무 젓가락 구조물은 그때의 방학 숙제였어요. 어린 나이에 하기에는 고도의 집중력을 요하는 힘든 작업이었지만, 나무젓가락을 쌓았을 때 성취감, 보람, 만족감은 이루 말할 수 없었죠. 개학날, 결과물을 들고서 자랑스럽게 학교에 갔어요. 그런데 교실에 들어가 보니, 다른 친구들의 작품이 훨씬 더 멋지고 정교하고 화려했어요. 그중 하나는 나무젓가락에 각기 다른 색의 물감을 입혀서 그라데이션 효과까지 냈더군요. 누가 봐도 이건 어른 작품이었습니다. 하지만 그 친구는 만점을 받았죠.

지금 돌이켜 생각해 보면 조금 안타까운 기분이 들어요. 성적만을 쫓아, 정작 아이가 즐겨야 할 과정을 놓쳐 버린 것만 같아서요. 잘 만들든 못 만들든 결과가 중요한 건 아닌데 말이죠. 무엇이든 직접 실수하고 망쳐 봐야 배울 수 있거든요.

망칠까 두려워 말고 바로 도전해 보세요. 경험 자체가 멋진 결과물이 될 테니까요.

코끼리 화분

난이도 : ★★★★☆　소요시간 : 4시간

가끔씩 멍하니 한곳을 응시하는 습관이 있어요. 그렇게 하늘 위의 구름을 보든지 맨홀 뚜껑을 보든지, 어떤 사물이든 유심히 관찰해 보면 저마다의 얼굴 표정이 보이더군요 그중 수도꼭지를 보면 항상 코끼리 같다고 생각했었죠. 그 표정의 상징성 때문인지 제아무리 멋지고 세련된 디자인의 수전이 있어도, 막상 수도꼭지하면 제일 먼저 떠오르는 것이 학교 수돗가에 있는 수도꼭지였어요. 이 수도꼭지의 표정을 살릴 수 있는 뭔가를 만들고 싶었습니다. 얼굴은 이미 나와 있으니 몸체를 만들면 되는데, 어떠한 역할을 하면 기능적인 재미를 더할 수 있을까 고민했어요. 그러다 문득 화분으로 이용하면 좋을 것 같았습니다. 화분의 물 빠지는 구멍을 수도꼭지로 이용하는 거죠. 멋진 화분이 될 것 같았어요. 흥분되는 마음으로 제작에 들어갔습니다. 완성 후, 화분을 옮겨 심고 물을 듬뿍 준 다음, 두근거리는 마음으로 손잡이를 돌렸더니, 야호! 나왔어요. 누런 흙물이.

부록에 있는 도면과 조립도를 참고하세요.

Materials

1 수도꼭지 / 4,500원
2 다육식물 / 4,000원
3 글루건(소) / 5,200원
4 니트릴 장갑 / 22,300원(1박스)
5 크롬 기둥 다보(Ø20mm×20mm) / 1,000원
6 순간접착제 / 3,000원

7 삼부 볼트(Ø10mm×20mm) / 200원
8 나무스틱 / 2,500원(1묶음)
9 칼 / 3,100원
10 포맥스(1mm) / 900원
11 종이그릇 / 1,100원(10개)
12 모르타르 시멘트 / 5,000원

⟶ 수도꼭지는 동네 철물점에서 쉽게 구할 수 있어요. 다보는 온라인 철물 쇼핑몰 또는 을지로 3가역 10번 출구에 있는 다보나라에서 구매할 수 있습니다.

Process

1 도면에 맞춰 포맥스를 재단한 후, 순간접착제를 이용해서 조립합니다.

2 외부 큰 틀은 사진처럼 'ㅁ'자 형태로 만드세요.

3 내부 틀을 조립합니다. 'Part D' 중 하나는 점선 부분을 잘라내세요.

4 'Part C'를 덮어서 고정시킵니다.

5 바닥에 'Part E'를 붙여서 내부 틀을 완성하세요.

6 내부 틀을 외부 틀 안에 끼웁니다.

7 순간접착제로 고정시키세요.

8 수도꼭지를 틀 안에 붙이세요.

9 수도꼭지 구멍의 밑 부분을 글루건으로 막아 줍니다.

10 틀을 단단하게 고정시켰는지 확인해 보세요.

11 윗부분에서 보이는 수도꼭지 구멍은 뚫려
    있어야 합니다.

12 모르타르 시멘트에 조금씩 물을 붓습니다.

13 요플레보다 조금 걸쭉한 농도로 잘 섞어 줍
    니다.

14 틀에 시멘트 반죽을 붓습니다.

15 시멘트가 살짝 굳으면, 크롬 기둥 다보에
    삼부 볼트를 반쯤 끼워서 반죽 안에 심어
    주세요.

16 하루에서 이틀 정도 지나서, 시멘트가 굳으
    면 틀을 벗겨내세요.

17 다보를 조절해서 바닥 평형을 맞추세요.

18 화분을 옮겨 심으면 끝!

만들다 보니 왠지 친근감이 생겨서 수도꼭지와 코끼리를 합친 '수도꼭끼리'라는 별명을 지어 줬습니다. 자꾸 별명을 부르다 보니 다른 화분들과는 달리 좀더 의미 있고 특별한 관계를 맺은 것 같았습니다. 처음 계획은 수도꼭지 목 부분을 밖으로 돌출시키려 했는데, 막상 비율을 보니 목이 너무 길어서 거북이 같아 보였어요. 그래서 손잡이가 벽면에 닿지 않을 정도로 최대한 안으로 집어넣었습니다.

내부 틀을 집 모양으로 만든 이유는 거꾸로 했을 때, 경사면이 생겨서 물이 수도꼭지 구멍으로 모이게 하기 위함입니다. 과연 물이 나올까 걱정했는데 실제로 물이 나오니 신기했어요. 누런 흙물이 나오니 마치 코끼리가 콧물을 흘리는 것만 같았죠. 더러우니까 평소에는 꼭 잠가 주세요.

사실 이 화분을 단 한 번에 성공한 것은 아니에요. 첫 번째 만들었을 때는 다리 부분을 목봉을 잘라 만들었습니다. 그런데 시간이 지나니 화분이 갈라지고 부서지고 말았어요. 시멘트는 굳으면서 조금씩 수축하는데 반해, 물을 머금은 나무는 조금씩 팽창하기 때문이었죠. 그래서 두 번째로 만들 때는 기둥 다보를 이용했습니다. 다보를 적용한 다리가 수도꼭지와 소재가 비슷하니 더욱 통일감이 생기더군요.

코뿔소 랙

난이도 : ★★★★☆ 소요시간 : 7시간

———→ 외국 영화를 보면 벽에 사슴이나 순록 등 야생동물의 머리가 걸려 있는 장면을 간혹 볼 수 있죠. 이렇게 사냥으로 잡은 동물 머리를 박제해서 장식품으로 만든 것을 헌팅 트로피라고 합니다. 개인마다 취향이 다르겠지만 뭔가 좀 무섭고 잔인하게 느껴지기도 합니다. 인테리어 소품으로 사용하기에는 왠지 부담스럽죠.

이러한 헌팅 트로피를 야생동물의 머리가 아닌 시멘트를 이용해서 만들었습니다. 사이즈를 축소시켜서 열쇠나 가방, 옷 등을 걸어 놓을 수 있는 랙으로 이용할 수 있게 말이죠. 어떤 동물을 응용할까 고민 중에 코뿔소로 정했어요. 무엇을 걸어 놓을 걸이가 필요한데, 그렇게 하기 위해서는 단단한 뿔이 필요했거든요. 무엇보다 코뿔소하면 매우 유니크하고 강렬한 캐릭터로 느껴졌습니다. 우연인지 모델링을 하기 위한 3D 프로그램의 이름도 '라이노'였죠. 그래서 바로 제작에 들어갔습니다. 도면은 부록 페이지를 참고하세요.

Materials

1 가위 / 2,700원
2 종이그릇 / 1,100원(10개)
3 칼 / 3,100원
4 순간접착제 / 3,000원
5 테이프 / 1,500원

6 벽걸이 브라켓 / 1,000원
7 나무스틱 / 2,500원(1묶음)
8 포맥스(1mm) / 900원
9 투명 PVC판(0.3mm) / 400원
10 모르타르 시멘트 / 5,000원

⟶ 벽걸이 브라켓은 손잡이닷컴에서 구매했습니다. 2개가 한 쌍으로 이루어져 있어요. 서로 엇갈려 끼우는 구조입니다.

Process

1 도면을 복사해서 투명 PVC판에 붙이거나, 도면 위에 투명 PVC판을 놓고 본을 떠서 잘라냅니다.

2 도면을 참고하여 틀을 만듭니다. 점선은 안쪽으로 접히는 모서리에요. 칼등으로 한두 번 긁어 주면 PVC를 접기 편해집니다.

3 도면에 맞춰 포맥스를 자릅니다.

4 이것을 틀 뒷면에 붙이세요.

5 시멘트를 물에 개어 준 다음,

6 두 손으로 틀을 감싸서, 살짝 두드려 주며 반죽을 붓습니다.

7 브라켓 하나를 피스와 함께 시멘트에 넣어서 고정시킵니다.

8 다 굳으면 틀을 뜯어내 주세요.

9 마지막으로 뒷부분에 있는 포맥스를 제거하면 완성!

면이 복잡하기 때문에 굉장히 어렵게 느껴질 수 있지만, 도면을 보고 차근차근 만들어 나가면 틀의 윤곽이 보일 거예요. 도면은 크게 왼쪽, 오른쪽으로 대칭되어 있습니다. 투명 PVC판으로 모든 파트를 잘라냈으면 조립에 들어갑니다.

가장 중요한 점은 도면에 표시되어 있는 점선은 안으로 접으라는 표시입니다. 직선은 밖으로 접히는 선이죠. 쉽게 말해서 직선은 양각, 점선은 음각이 되는 모서리인 거죠. 이왕이면 칼집을 낼 때도, 점선 부분은 뒤쪽 면을 긁어 줘야 PVC를 접을 때 깨지지가 않습니다.

조립 시에는 앞부분부터 만들어 가는 것이 좋아요. 코뿔소의 뿔 부분부터 조립하는 거죠. 'Part F'를 먼저 만들고, Part D, Part E, Part A, Part C를 순서대로 조립한 다음, 마지막으로 'Part B'로 귀를 만들어 붙입니다.

틀에 시멘트 반죽을 붓고 브라켓을 심을 때는 무게 때문에 반죽 안으로 파묻힐 수가 있으니, 포맥스 막대를 브라켓에 꺼서 틀에 걸쳐 놓는 것이 좋아요. 그래야 나중에 벽면에 장착하기가 용이해집니다.

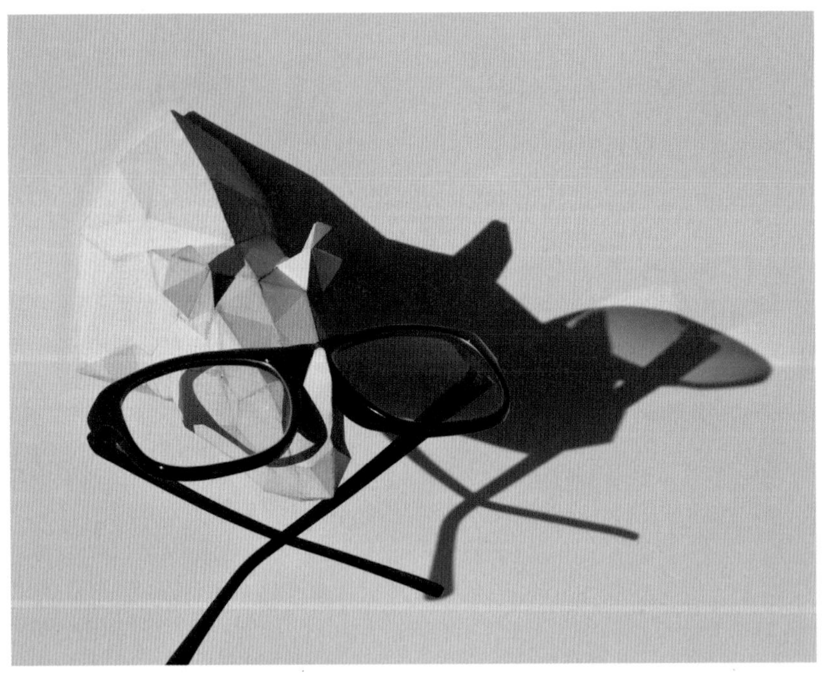

유니콘 랙

난이도 : ★★★★☆ 소요시간 : **7시간**

──→　코뿔소 랙과 같이 헌팅 트로피 시리즈로 제작한 유니콘 랙입니다. 못 믿으시겠지만 사실 코뿔소와 말이 친해요.

이전 작업과 마찬가지로 우선 3D 프로그램을 통해 모델링 작업에 들어갔습니다. 삼각형 면을 이용해 말 형상을 단순화시켰죠. 그런데 여기서 문제가 발생했어요. 말이 아니라 개 같았거든요. 마치 도베르만 같이 주둥이가 긴 사냥개 같았죠. 수정이 필요했어요. 그래서 주둥이 부분을 좀더 과장했더니 주둥이가 큰 개처럼 보였고, 커다란 갈기를 달았더니 모히칸 스타일의 개처럼 보였어요. 결국 마지막에 뿔을 달았더니 유니콘이 되었습니다. 그래서 유니콘 랙을 만들었어요.

처음부터 의도한 뿔이 있었기 때문에 걸이로서의 역할도 충분히 해냈습니다. 열쇠나 안경, 목걸이 같은 액세서리를 걸어 두기 좋았죠. 상상 속 동물이라는 특징 때문에 코뿔소와 같은 유니크하고 강렬한 매력도 있었어요. 코뿔소를 성공하셨다면 유니콘도 꼭 도전해 보시길 바랍니다. 친하니까요.

도면은 부록 페이지를 참고하세요.

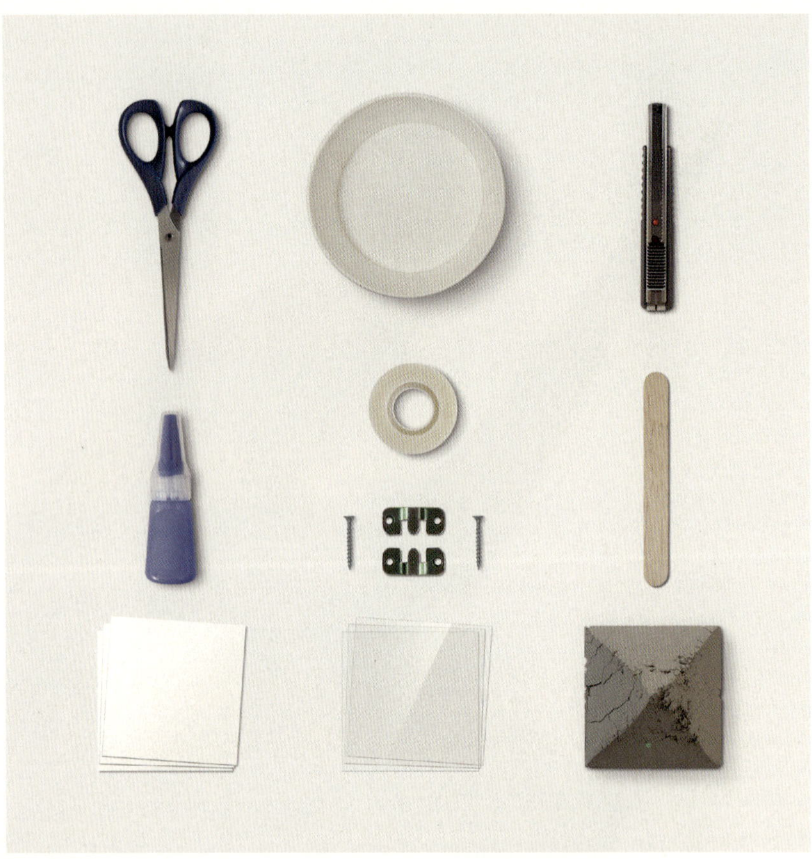

Materials

1 가위 / 2,700원
2 종이그릇 / 1,100원(10개)
3 칼 / 3,100원
4 순간접착제 / 3,000원
5 테이프 / 1,500원

6 벽걸이 브라켓 / 1,000원
7 나무스틱 / 2,500원(1묶음)
8 포맥스(1mm) / 900원
9 투명 PVC판(0.3mm) / 400원
10 모르타르 시멘트 / 5,000원

⟶ 벽걸이 브라켓은 손잡이닷컴에서 구매했습니다. 2개가 한 쌍으로 이루어져 있어요. 서로 엇갈려 끼우는 구조입니다.

Process

1   도면을 복사해서 투명 PVC판에 붙이거나, 도면 위에 투명 PVC판을 놓고 본을 떠서 잘 라냅니다.

2   코뿔소와 마찬가지로 앞부분부터 조립합 니다.

3   점선은 안쪽으로 접히는 모서리라는 거, 잊 지 않으셨죠?

4   PVC로 모든 틀을 조립한 다음,

5   뒷면은 포맥스를 붙여 줍니다.

6   모르타르 시멘트에 물을 섞어서 반죽을 저 어 줍니다.

7   브라켓을 심어준 다음, 가라앉지 않도록 포 맥스 막대를 끼워 줍니다.

8   다 굳으면 조심스럽게 틀을 뜯어내세요.

9   짜잔~ 드디어 완성!

코뿔소 랙 제작과 마찬가지로 틀의 앞부분부터 차근차근 만드는 것이 좋아요. 먼저 'Part G'와 'Part H'를 붙이고, Part F, Part D, Part B, Part C, Part E, Part A를 순서대로 조립한 다음, 마지막으로 'Part I'로 틀을 완성합니다.

다시 한 번 강조하자면, 점선은 안으로 접으라는 표시입니다. PVC를 접기 위해서는 칼등으로 한두 번 긁어주면 되는데, 점선은 PVC 뒷면에 칼집을 내야 음각으로 접을 수 있어요. 접을 때 PVC가 깨지지 않도록 주의하세요.

투명 PVC판으로 틀 제작이 어려우면 두꺼운 종이를 이용한 방법이 있습니다. 도면을 복사해서, 뒷면에 두꺼운 종이를 붙인 후, 칼집을 낼 필요 없이 바로 접는 방법입니다. 단 물에 젖지 않는 비닐 코팅된 종이가 좋겠죠. 이 방법은 후기를 남겨주신 이웃 분의 아이디어였어요. 훨씬 더 간편하게 틀을 제작할 수 있는 방법이었죠. 여러분도 이러한 방법으로 헌팅 트로피 시리즈에 도전해 보세요. 완성했을 때의 성취감이 어마어마합니다.

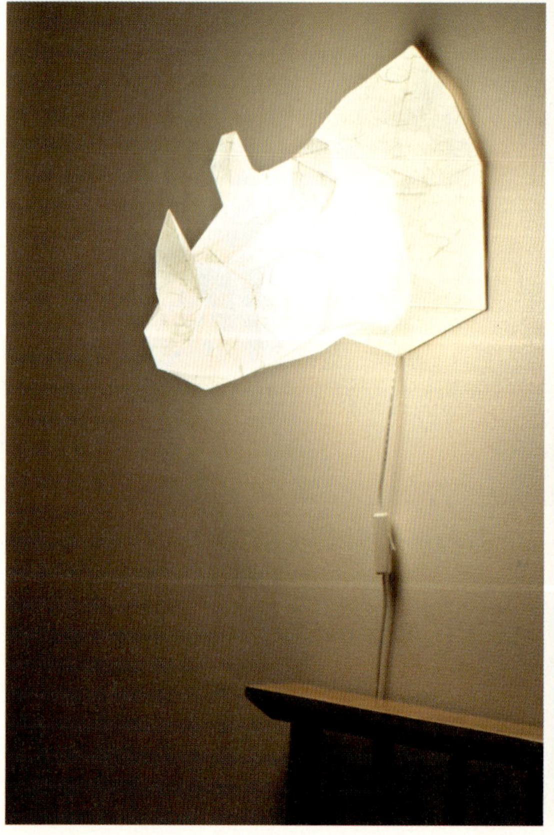

IN THE BEDROOM

와인잔 조명, 노리개 조명, 삼발이 조명, 파인애플 화분, 사각 조명,
야광 전구, 자명종 시계, 스탠드 조명, 코뿔소 조명

와인잔 조명

난이도 : ★☆☆☆☆ 소요시간 : 2시간

—————→ 와인잔을 이용해 누구나 손쉽게 만들어 볼 수 있는 조명입니다. 별다른 전기자재를 사용하지 않아도, 스마트폰만을 이용해서 분위기 좋은 무드 조명으로 활용할 수 있습니다. 제작 방식은 매우 간단해요. 전등갓을 만들어 와인잔에 씌운 후, 그 안에 스마트폰을 넣어 두면 됩니다. 조명은 스마트폰의 플래시 LED를 이용하는 거죠.

이때, 음악을 재생시켜 와인잔 안에 넣어 두면 사운드 독처럼 소리를 증폭시켜 주는 역할을 하기 때문에 전원이 필요 없는 멋진 스피커로도 활용할 수 있습니다. 오히려 와인잔의 형태가 소리를 모아 주는 데 더욱 효과적인지, 소리 울림이 훨씬 풍부하게 느껴지더군요.

전등갓은 투명 PVC판에 한지를 입혀서 만들었습니다. 이를 부채처럼 접어서 둥글게 말아 양끝을 이어 붙인 후, 윗부분을 고무줄로 고정시켰어요. 이때, 고무줄의 탄성이 갓을 조여 주는 역할을 하기 때문에 와인잔의 형태에 맞춰 조절이 가능합니다. 부록의 도면과 조립도를 참고하세요.

Materials

1 칼 / 3,100원

2 가위 / 2,700원

3 자 / 2,200원

4 순간접착제 / 3,000원

5 고무줄(흰색) / 6,400원(1뭉치)

6 3M 스프레이접착제 / 12,600원

7 드레멜 / 53,000원

8 와인잔 / 13,000원

9 투명 PVC판(0.3mm) / 400원

10 한지 / 900원

⟶ 와인잔은 대형 마트에서 구매했습니다. 자신의 스마트폰이 들어갈 충분한 사이즈의 와인잔을 이용하세요. 한지와 3M 스프레이접착제는 문구점에서 구할 수 있습니다.

Process

1 468mm×160mm 크기로 투명 PVC판을 자른 후, 'Part A' 간격으로 칼등으로 칼집을 내 주세요.
2 접기 전에 접착제를 뿌린 다음,
3 한지를 붙여 줍니다.
4 흠집에 맞춰서 부채 모양으로 접어 주세요.
5 도면의 위치에 맞춰 드레멜이나 드릴로 지름 2~3mm 구멍을 만들어 줍니다.
6 둥글게 말아서 끝을 이어 붙여 주세요.
7 구멍 사이로 고무줄을 꿰어 줍니다.
8 고무줄을 조절해서 적당한 길이로 맞춰 줍니다.
9 고무줄을 묶은 다음 나머지 부분은 가위로 잘라 주세요.

와인잔에 전등갓을 씌우니 마치 마릴린 먼로의 치맛자락 같아 보이네요. 불을 켜면 한지에 비치는 은은한 빛이 촉촉한 분위기를 만들어 줍니다. 잠자기 전, 침대 맡에 있는 협탁에 올려놓으면 근사한 무드 조명으로 활용할 수 있습니다. 거기에 달달한 음악까지 틀어 놓으면, 사이좋은 잉꼬부부를 위한 감초 역할을 톡톡히 해낼 거예요. 감미로운 디너 분위기를 연출하기에도 좋습니다. 가끔씩 연인과 집에서 저녁식사를 할 때, 하나쯤 식탁 위에 올려놓으세요.

투명 PVC판에 칼집을 낼 때는 칼등으로 한두 번 긁어 줍니다. 단 너무 세게 긁으면 접었을 때 부러질 위험이 있으니 조심하세요. 부채처럼 한 칸씩 겹쳐 접어야 하기 때문에, 칼집을 낼 때마다 PVC 앞, 뒷면을 뒤집어가며 만듭니다.

한지 대신에 취향에 맞게 다른 소재를 응용해도 좋습니다. 예쁜 패턴이 들어간 포장지나 얇은 시트지를 이용하면 색다른 분위기를 연출할 수 있을 테니까요.

노리개 조명

난이도 : ★☆☆☆☆ 소요시간 : **3시간**

⟶　기본적으로 조명을 만들기 위해서는 전구, 소켓, 전선, 플러그가 필요합니다. 이러한 요소만을 가지고 간단한 조명을 만들고 싶었습니다. 여러 가지 형태를 고민하던 차에, 이스라엘 출신 디자이너 'Arik Levy'가 디자인한 'Umbilical'이라는 조명을 알게 되었어요. 마치 뜨개질처럼 전선을 엮어 만든 형태가 시각적인 재미를 느끼게 했죠. 무엇보다 별다른 재료 없이도 누구나 쉽게 만들어 볼 수 있는 매력적인 조명이었습니다.

　이를 좀더 단순화시키고, 형태를 더욱 단단히 유지할 수 있는 방법을 고안해서 조명 제작에 들어갔습니다. 기다란 전선을 위아래로 엇갈려 엮은 다음, 겹치는 부분을 케이블 타이로 고정시켜 장식을 만들었어요. 전선 양끝에는 각각 키소켓과 플러그를 연결했습니다.

　이렇게 완성한 모습을 보니, 마치 전통 노리개 같아 보였습니다. 한복을 곱게 입고, 그 위에 달아 놓으니 맵시가 더욱더 살아나더군요.

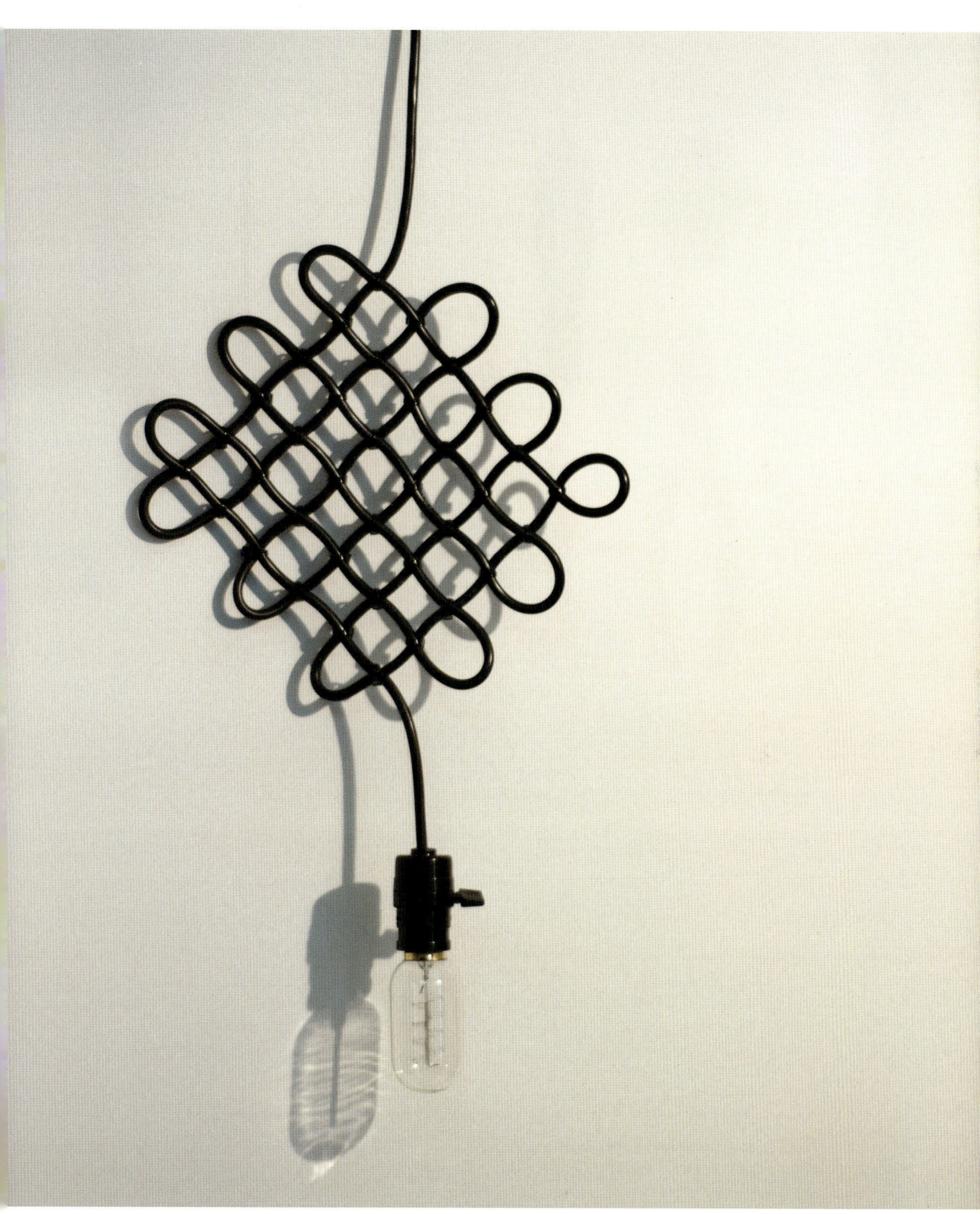

Materials

1 키소켓 / 3,900원
2 드라이버 / 3,300원
3 에디슨 전구 / 10,000원

4 케이블 타이 / 650원(1묶음)
5 니퍼 / 4,500원
6 전선 / 1,800원(1m)

⟶ 전구과 키소켓, 전선 등 전기 자재는 세운청계상가 옆길에 있는 전업사에서 구매했어요. 전선은 1m를 기준으로 끊어 판매합니다.

Process

1 먼저 전선을 한 번 꼬아서 출발점을 만들어 주세요. 그 다음, 케이블 타이로 고정시킵니다.

2 전체적인 크기를 고려해서 가로 기준을 만들어 줍니다.

3 이렇게 3단 정도 엮어 주세요. 나중에 전선을 조정할 수 있도록, 케이블 타이는 느슨하게 고정시킵니다.

4 그 다음, 세로 방향으로 엮어 줍니다.

5 큰 모양이 만들어지면 전선을 조정하여, 전체 비율을 맞춰 주세요.

6 케이블 타이를 완전히 고정시킨 다음, 불필요한 부분을 니퍼로 잘라냅니다.

7 키소켓 덮개 안으로 전선을 통과시킨 후,

8 전선을 소켓에 연결합니다.

9 마지막으로 덮개를 닫아 주면 완성.

제작 방식은 매우 간단하지만, 전선의 특성상 잘 휘기 때문에 완벽한 형태를 맞추기가 쉽진 않습니다. 일단 전체적인 형상을 만들어 놓은 후, 운동화 끈을 조절하듯이 전선을 조금씩 움직여 가며 비율을 맞춰야 해요. 이때, 임시적으로 고정시켜 놓은 케이블 타이 때문에 전선이 빡빡할 수 있습니다. 작업이 끝날 때 즈음, 손가락이 좀 얼얼해지더군요. 취향에 따라 크기와 비율을 조절해 보세요. 더 크게 만들고 싶다면 여러 번 엮어 주면 되겠죠.

한 가지 유의할 점은 케이블 타이로 전선을 고정시킬 때, 일정한 방향을 정해서 묶어야 심미적으로 더욱 깔끔합니다. 십자 형태로 엇갈리는 전선의 연결 부분에 대각선으로 케이블 타이를 감아야 하는데, 이 방향을 설정해 주는 거죠. 한 번씩 방향을 엇갈리며 매듭을 지으면, 전선의 패턴도 규칙적인 모습을 하게 됩니다.

노리개 조명을 완성해서 벽에 매달아 놓으세요. 전선이 얼키설키 엮어져 단단히 고정되어 있기 때문에, 못에 그대로 걸어 둘 수 있어요. 좀더 감감적인 연출을 원한다면, 옷걸이에 셔츠를 끼워서 조명 위에 걸어 두세요. 옷 사이로 은은한 빛이 새어 나올 테니까요. 단, 이때는 삼파장 볼전구(15W짜리)같이 발열이 적은 전구를 사용해야 합니다.

삼발이 조명

난이도 : ★★★☆☆ 소요시간 : 6시간

———→ 고양이를 키우시는 분들이면 한번쯤 스크래쳐를 만들어 보셨을 거예요. 고양이는 스트레스를 해소하거나 발톱을 정리하기 위해 긁는 행동을 하는데, 스크래쳐란 이를 도와주는 도구입니다. 주로 기둥에 면로프를 둘둘 감아서 만들어 주는데, 이러한 방법을 조명 제작에 응용해 봤어요.

우선 투명 PVC판으로 기본 틀을 만들고, 면로프를 감으면서 글루건으로 고정시켰어요. 도자기를 빚듯 천천히 틀을 돌려가며 전등갓을 완성했습니다. 하지만 전구 소켓을 고정시킬 연결부와 다리가 문제였어요. 어떤 재료가 있을까 찾아보다가, 어렸을 적 과학시간에 사용했던 삼발이가 생각났어요. 이걸 이용하면 되겠다 싶어서 바로 대형 문구점으로 향했습니다. 놀라운 점은 삼발이를 찾아서 크기를 확인해 봤더니, 전구 소켓과 딱 맞더군요. 마치 오랫동안 떨어져 있던 쌍둥이가 우연히 다시 만난 것과 같아요. 야호! 정말 별것도 아닌데 너무 신나고 흥분됐습니다. 그래서 만들었어요. 도면은 부록 페이지를 참고하세요.

Materials

1 스위치 전선 / 3,300원
2 전구 / 5,000원
3 원형커터 / 24,700원
4 글루건(소) / 5,200원
5 가위 / 2,700원
6 패브릭 염색약(검정) / 4,800원
7 소금 / 800원
8 테이프 / 1,500원
9 양면테이프 / 2,600원
10 절연테이프 / 900원
11 면로프 / 4,000원(1뭉치)
12 칼 / 3,100원
13 소켓 / 1,500원
14 삼발이 / 4,800원
15 포맥스(1mm) / 900원
16 투명 PVC판(0.5mm) / 600원
17 믹싱볼 / 6,000원
18 니퍼 / 4,500원

→ 면로프는 애견샵이나 인터넷에 '면로프'를 검색하시면 구매할 수 있습니다. 패브릭 염색약은 '리트다이' 제품으로 삼발이와 같이 남대문 알파문구점에서 한꺼번에 구매했어요. 이것 역시 온라인에서도 판매합니다.

Process

1   믹싱볼 같은 큰 그릇에 뜨거운 물을 붓습니다.

2   패브릭 염색약을 물에 섞어 줍니다.

3   굵은 소금을 반 움큼 넣어 주세요. 소금이
    색상을 고착시켜 줍니다.

4   면로프를 푹 담근 후, 커다란 비닐봉지에
    담아서 1시간 정도 보관하세요.

5   도면을 복사하거나, 투명 PVC판을 위에 대
    고 본을 뜹니다.

6   'Part A'와 'Part B'를 각각 4개씩 이어 붙입
    니다.

7   라인을 따라 투명 PVC판을 자릅니다.

8   잘라낸 투명 PVC판 한쪽 끝에 테이프를 붙
    입니다.

9   투명 PVC판을 말아서 반대쪽 끝과 연결시
    키세요.

10 사진과 같이 두 개의 틀을 만드세요.

11 두 개의 틀을 테이프를 이용해 붙입니다.

12 틀이 삼발이 윗부분과 맞는지 확인해 보세요.

13 원형커터를 이용해 포맥스(Ø116mm)를 자릅
니다.

14 중앙에 전선이 들어갈 수 있게 구멍을 뚫으
세요.

15 글루건을 이용해 포맥스와 삼발이를 붙입
니다.

16 니퍼로 소켓 전선을 벗겨냅니다.

17 마찬가지로 스위치에 달린 전선도 벗겨내
세요.

18 스위치에 달린 전선을 포맥스 구멍으로 넣
어 주세요.

19 소켓과 스위치의 전선을 연결합니다.

20 합선이 안 되게 각 연결 부분을 절연테이프
로 감아 주세요.

21 사진처럼 한 번 더 꼼꼼히 감아 줍니다.

22 글루건으로 소켓과 삼발이를 고정시킵니다.

23 소켓의 옆부분도 글루건을 쏴 주세요.

24 여기에 PVC 틀을 붙입니다.

25 염색한 면로프를 건조시키세요.

26 글루건을 이용해 밑부분부터 면로프를 감
아 줍니다.

27 글루건이 뜨거우니 조심히 작업하세요.

원하는 색상이 없어서 면로프를 염색했는데, 처음 사용하다 보니 일정하게 염색이 안 되고 얼룩이 생겼어요. 이것 때문에 망칠까봐 걱정했었는데, 막상 면로프를 감아 보니 그 나름의 멋이 있더군요. 염색 방법에는 여러 가지가 있는데, 집에서 손쉽게 할 수 있는 방법은 싱크대나 양동이를 이용하는 방법이 있습니다. 먼저 면로프 뭉치가 자유롭게 움직이기에 충분할 만큼의 뜨거운 물을 싱크대나 양동이에 채웁니다. 그 다음 패브릭 염색약과 소량의 굵은 소금을 물에 잘 섞은 후, 면로프를 넣어서 10~30분 동안 계속 저어 주세요. 염색이 끝났으면 따뜻한 물로 헹군 후, 점차 찬 물을 부어서 맑은 물이 나올 때까지 씻어내면 염색이 완료됩니다.

배선 작업을 할 때는 두 개의 선이 합선되지 않도록 절연테이프로 꼼꼼히 작업해 주세요. 또한 내부 소재가 PVC이기 때문에 전구의 발열이 높으면 녹을 염려가 있습니다. 따라서 백열전구보다는 삼파장 볼전구(15W짜리)같이 발열이 적은 전구를 사용하시는 것이 좋아요. 빛이 밝지는 않지만, 무드등으로 사용하기에는 충분하거든요. 다시 말씀드리지만 첫째도 안전, 둘째도 안전! 꼼꼼히 작업하시길 바랍니다.

파인애플 화분

난이도 : ★★★☆☆ 소요시간 : 4시간

⟶　파인애플이 먹고 싶었습니다. 그래서 화분을 만들었습니다.

파인애플은 매우 독특한 형태를 가지고 있죠. 울퉁불퉁하지만 규칙적인 패턴으로, 껍질이 열매를 감싸고 있고, 그 위로 뾰족한 잎이 뭉쳐 자랍니다. 이질적인 두 가지 요소가 하나로 합쳐진 모습이에요. 이러한 형태적 모티브를 화분에 적용했습니다.

3D 프로그램으로 형태를 단순화시켜 모델링하고, 이를 도면으로 만들었습니다. 그 다음, 투명 PVC판을 이용해 본격적인 틀 제작에 들어갔어요. 열매 부분에 삼각형 면으로 이루어진 기하학적인 패턴을 적용하니, 파인애플의 특징을 담으면서도 심플하게 재해석 된 화분이 탄생했습니다. 여기에 파인애플 잎과 비슷하게 생긴 식물을 옮겨 심었죠. 드디어 탐스러운 파인애플이 완성되었습니다.

도면은 부록에 있습니다. 조립도를 참고하여 틀을 제작해 보세요.

Materials

1 칼 / 3,100원

2 나무스틱 / 2,500원(1묶음)

3 종이그릇 / 1,100원(10개)

4 원형커터 / 24,700원

5 글루건 심(소) / 1,400원(1묶음)

6 순간접착제 / 3,000원

7 화분 / 5,000원

8 테이프 / 1,500원

9 양면테이프 / 2,600원

10 패브릭 염색약(주황) / 4,800원

11 포맥스(1mm) / 900원

12 투명 PVC판(0.3mm) / 400원

13 모르타르 시멘트(백색) / 5,000원

Process

1   도면에 맞춰 투명 PVC판을 재단합니다.

2   내부 선은 칼집만 살짝 낸 다음, PVC를 접어 주세요.

3   각 Part를 두 개씩 이어 붙여야 하나의 층이 됩니다.

4   6개의 층을 합쳐서 외부 틀을 완성합니다.

5   그 다음, 도면에 맞춰 내부 틀을 만드세요.

6   'Part D'와 'Part E'를 붙입니다.

7   이것을 내부 틀에 붙이세요.

8   내부 틀과 외부 틀을 연결합니다.

9   내부 틀 중앙에 순간접착제를 한 방울 떨어뜨려 주세요.

10 글루건 심을 잘라서 붙입니다. 나중에 화분 배수구가 될 부분이에요.

12 종이 그릇에 패브릭 염색약을 넣습니다.

13 물을 부어 잘 섞어 줍니다.

14 이것을 백색 시멘트에 부어 주세요.

15 반죽을 골고루 섞어 줍니다.

16 틀 안에 반죽을 넣어 줍니다.

17 하루 정도 건조시킨 후, 조심스럽게 틀을 뜯어냅니다.

18 살색 화분이 완성되었습니다.

19 준비한 식물을 옮겨 심으세요.

티캔들 홀더에서 잠시 설명한 적 있지만, 시멘트에 컬러를 적용하기 위해서는 흰색 모르타르 시멘트를 이용하면 됩니다. '헨켈' 제품이 아닌, 일반적으로 화장실 타일 줄눈용으로 쓰이는 백시멘트라도 상관없어요. 단, 백시멘트는 경화 시간이 길기 때문에 하루에서 이틀 정도 굳혀야 합니다.

패브릭 염색약을 이용하면 컬러가 다양하기 때문에 원하는 색으로 시멘트 제조가 가능해요. 한 가지 유의할 점은 시멘트가 흰색이기 때문에 채도가 낮아지는 것을 감안해야 합니다. 파인애플 화분을 예로 들자면, 주황색 염색약을 사용했지만 흰색 시멘트와 섞여서 살색으로 변한 것을 볼 수 있어요. 만약 파란색 염색약을 사용한다면 하늘색이 나오겠죠. 가루형 염색약을 섞을 때는, 꼭 물에 희석시켜 사용하세요. 알갱이가 사라질 때까지 충분히 녹인 후, 이를 흰색 시멘트와 섞어 줍니다. 그래야 안료의 뭉침 현상 없이 균일한 색상을 얻을 수 있어요.

과일은 몸에 좋습니다. 파인애플 화분을 만들어서 침대 밑 협탁이나 창틀 위에 올려놓으세요.

사각 조명

난이도 : ★★★☆☆ 소요시간 : 6시간

———→ 대학 시절 건축 모형을 만드는 과제가 있었는데, 여기에 사용할 목재 재료를 구하기 위해서 대형 문구점에 들렀습니다. 다양한 종류와 크기의 건축 모형 재료가 있더군요. 일정한 크기로 가공되어져 원하는 스케일의 모형을 만드는 데 용이했어요. 불현듯 그때 사용한 모형 재료를 이용하면 나무로 된 멋진 조명이 탄생할 것 같았습니다. 그래서 재료에 대해 좀더 자세히 알아봤어요. 재질에 따라 발사우드, 파인우드, 바스우드, 마호가니, 월넛 등이 있었고, 형태에 따라 사각, 삼각, 원형, 반원 등으로 나눠졌습니다. 그중 파인우드를 이용해서 조명을 만들기로 했어요. 이 재질이 무늬결이 자연스럽고 가공하기도 쉬웠거든요. 사각 프레임을 이용해서 겹층 구조로 목재를 쌓고, 그 안에 전구를 설치했습니다. 불을 밝히니 동양적인 분위기가 물씬 풍기더군요. 마치 꽈배기 조명이 다보탑같이 화려한 느낌이라면 사각 조명은 석가탑같이 수려한 느낌이었죠.

조립도는 부록 페이지를 참고하세요.

Materials

1 소켓 / 1,500원
2 절연테이프 / 900원
3 드레멜 / 53,000원
4 전구 / 5,000원
5 순간접착제 / 3,000원
6 스위치 전선 / 3,300원
7 발사 판재(150mm×3mm×900mm) / 3,600원

8 파인우드 직사각재(25mm×3mm×900mm) / 1,650원
9 파인우드 정사각재 2면홈(10mm×10mm×900mm) / 1,560원
10 파인우드 직사각재(5mm×3mm×900mm) / 750원
11 케이블 타이 / 650원(1묶음)
12 니퍼 / 4,500원
13 톱 / 4,500원

⟶ 발사, 파인우드 같은 목재는 대형 문구점이나 화방에서 판매를 합니다. 온라인으로는 '알파문구'나 '아가미모델링' 등 모형 재료 쇼핑몰에서 구매할 수 있습니다.

Process

1 조립도의 치수에 맞춰 2면홈 정사각재를 재단합니다.

2 직사각재 역시 치수에 맞춰 재단하세요.

3 제일 긴 2면홈 정사각재에 순간접착제를 바릅니다.

4 밑 부분에 직사각재를 붙일 때에는 60mm 정도 남겨 주세요.

5 접합 부분에 순간접착제를 바릅니다.

6 이 부분을 얇은 직사각재(5mm×3mm×25mm)로 보강하세요.

7 또 다른 2면홈 정사각재를 이어 붙여서,

8 사진과 같이 'ㅂ'자 형태로 만듭니다.

9 전과 같은 방식으로 얇은 직사각재로 접합 부분을 보강합니다.

10 사진과 같이 큰 뼈대를 완성합니다.

11 150mm×150mm 크기로 발사 판재를 자르세요.

12 틀에 끼워 넣을 수 있게 눈금을 표시한 후,

13 톱으로 잘라냅니다.

14 드레멜이나 드릴을 이용하여 가운데 전선 구멍을 뚫어 주세요.

15 잘라낸 판재를 틀의 밑 부분에 고정합니다.

16 스위치 전선을 구멍으로 빼내어 소켓과 연결합니다.

17 전선을 연결한 후, 합선이 안 되게 절연테이프로 꼼꼼히 감아 주세요.

18 소켓 위치를 잡고, 고정시킬 구멍을 표시합니다.

19 드레멜이나 드릴을 이용하여 구멍을 뚫으세요.

20 소켓과 틀의 구멍 사이로 케이블 타이를 넣습니다.

21 아랫 부분에서 케이블 타이를 묶어 주세요.

22 불필요한 부분은 니퍼로 자릅니다.

23 기본 틀을 완성했어요. 이제부터 시작입니다.

24 2면홈 정사각재 연결 부분에 순간접착제를 바른 후,

25 직사각재는 짧은 것에서 긴 것 순으로,

26 2면홈 정사각재는 긴 것에서 짧은 것 순으로 조립합니다.

27 가장 긴 직사각재와 가장 짧은 2면홈 정사각재를 조립하면 완성.

 나무판이 레이어처럼 적층되는 구조이기 때문에 불을 켜면 틈 사이로 은은한 빛이 새어 나옵니다. 동양적이면서 아늑한 분위기를 연출할 수 있어요. 원래 의도한 것은 아니지만 바닥에도 오묘한 그림자가 생기면서 독특한 느낌이 나네요. 만들 때 사용된 재료를 계산해 보니 파인우드 직사각재(25mm×3mm×900mm)는 14개, 파인우드 정사각재 2면홈(10mm×10mm×900mm)은 4개, 파인우드 직사각재(5mm×3mm×900mm)는 3개를 사용했습니다. 목재 길이가 900mm이니까 무작정 자르기보다는 치수 계획을 세워서 재단해야 재료의 손실을 줄일 수 있습니다. 조립도를 확인한 후, 목재에 미리 표시를 해두세요. 정사각재는 홈의 개수에 따라 1면홈, 2면홈, 3면홈, 4면홈으로 나뉩니다. 홈의 너비가 3mm 정도 되기 때문에, 조립할 때 이 홈 사이로 3mm 두께의 직사각재를 끼우면 조립이 용이하겠죠.

 사각 조명의 주재료가 나무이다 보니 백열전구보다는 발열이 적은 삼파장 볼전구(15W짜리)를 사용하는 것이 좋습니다. 배선 작업을 할 때는 두 개의 선이 합선되지 않도록 절연테이프로 꼼꼼히 작업해 주세요.

야광 전구

난이도 : ★★★★☆ 소요시간 : 5시간

——→   '형창설안' 속에서 '현두자고'와 '인추자자'의 노력으로 '주경야독'하여 '절차탁마' 하고 싶었습니다. 밤 늦게 공부해서 훌륭한 사람이 되고 싶었죠. 옛 선조들이 반딧불을 이용하여 공부하듯, 야광이라는 독특한 소재를 이용해서 조명을 만들었어요.

제작에 앞서, 모티브로 삼을 형태를 고민하던 중, 가장 직관적인 형태인 백열전구로 정했습니다. 게다가 전구는 전기로 빛을 만들어내는 가장 전통적인 제품이었기에 과거의 향수를 자극하는 감성적인 오브제가 될 것 같았어요.

우선 석고를 이용해 전구의 틀을 떴습니다. 안에 넣을 주재료는 실리콘을 이용했어요. 실리콘은 발코니 창틀이나 방수를 위해 쓰이는 건축 자재로서 동네 철물점에서도 쉽게 구할 수 있습니다. 여기에 야광 안료를 섞어서 틀에 넣어 굳히면, 전구 형태의 야광 실리콘이 완성됩니다. 전기가 없이도 불을 밝힐 수 있는 멋진 조명이 탄생한 거죠. 이제 정전이 두렵지 않아요.

Materials

1	실리콘 건 / 2,240원	9	백열전구 / 1,000원
2	투명 실리콘 / 1,400원	10	니트릴 장갑 / 22,300원(1박스)
3	순간접착제 / 3,000원	11	이형제 / 4,300원
4	칼 / 3,100원	12	교반컵 / 1,000원
5	테이프 / 1,500원	13	포맥스(1mm) / 900원
6	야광 안료 / 7,000원(100g)	14	믹싱볼 / 6,000원
7	약수저 / 2,000원	15	전선 / 1,800원(1m)
8	키소켓 / 3,900원	16	석고가루 / 800원

→ 야광 안료는 을지로 4가역 1번 출구에 있는 시대안료에서 구매했습니다. 온라인으로도 구입할 수 있지만, 축광 효과가 더욱 뛰어난 고품질의 안료를 원한다면 직접 방문해 보세요.

Process

1 전구가 들어갈 수 있도록 넉넉한 크기로 포
맥스를 잘라 주세요.

2 잘라낸 포맥스를 테이프로 붙여 줍니다.

3 한쪽 면이 트인 박스 형태의 틀을 만들어
주세요.

4 나중에 틀에 실리콘을 부을 입구가 필요하
겠죠? 전구 윗부분에 적당한 크기의 원기
둥을 붙여 주세요.

5 전구의 중앙에 맞춰서 선을 표시합니다.

6 석고 틀에서 전구가 잘 빠지게 이형제를 뿌
립니다.

7 석고가루를 물에 잘 개어 주세요.

8 석고 반죽을 직육면체 틀의 절반까지 채워
줍니다.

9 전구에 표시한 선을 확인하며, 전구를 반죽
에 반쯤 묻습니다.

10 석고가 다 굳으면 이형제를 한 번 더 뿌려
   주세요.

11 석고를 전부 채웁니다.

12 석고가 굳으면 틀 완성!

13 포맥스를 조심조심 떼어낸 후,

14 틀을 분리하여 전구를 꺼내 주세요.

15 실리콘을 교반컵에 담습니다.

16 티스푼으로 서너 번 야광 안료를 넣어 줍니다.

17 실리콘과 야광 안료를 잘 섞어 줍니다.

18 틀 내부에 이형제를 뿌리고, 다시 결합하여
   실리콘을 넣어 주세요.

19 실리콘이 골고루 들어갈 수 있도록, 틀을 손으로 감싸서 바닥에 통통 두들겨 주세요.

20 하루 정도 건조시킨 후, 틀을 분리합니다.

21 야광 전구를 빼냅니다.

22 칼을 이용해 외관을 정리하세요.

23 주입구 쪽의 불필요한 부분도 제거하세요.

24 짜잔! 야광 전구가 완성되었습니다.

25 키소켓 덮개 안으로 전선을 통과시킨 후,

26 소켓에 연결합니다. 장식용이기 때문에 전기를 연결하지 않습니다.

27 완성된 소켓에 야광 전구를 끼워 주면 끝!

이번 프로젝트는 지금까지의 작업과 비교해서 난이도가 높은 편이에요. 붕어빵을 굽듯이, 양쪽이 대칭하는 두 개의 석고 틀을 만들어야 하는데, 소재가 낯설어서 그런지 제작이 만만치 않더군요. 틀을 떼어내기 위해 사용하는 이형제는 스프레이 대신에 비눗물을 발라 줘도 충분합니다.

석고 틀 완성 후, 실리콘의 점성이 높기 때문에 구멍 안으로 실리콘을 붓기가 쉽지 않을 거예요. 조금씩 덜어 넣은 후, 손으로 틀을 감싸서 수시로 바닥에 통통 쳐 주어야 기포 없이 가득 채울 수 있습니다. 제작 과정은 다소 힘들지만 완성 후 성취감은 이루 말할 수 없습니다. 소켓에 돌려 끼울 때의 손맛이 아주 찌릿찌릿하거든요. 다시 한 번 강조하지만, 소켓과 전선은 단지 장식을 위한 것이니 절대 전기를 연결하지 마세요.

이렇게 여러 개의 야광 전구를 완성 후, 침대 머리맡에 매달았습니다. 불을 끄고 책을 펼쳤어요. 열심히 공부하리라 마음먹었습니다. 그런데 십 분이 채 지나지 않아 눈이 아프더군요. 결국 공부를 포기했어요.

자명종 시계

난이도 : ★★★★☆ 소요시간 : 4시간

⟶ 늦잠을 자서 지각을 했습니다. 그래서 자명종 시계를 만들었어요.

양쪽에 달린 두 개의 종 때문인지, 자명종 시계는 앙증맞고 매력적인 형태를 갖고 있습니다. 마치 큰 귀가 달린 귀여운 동물같이 느껴지더군요. 요즘은 스마트폰으로 알람 설정을 하기 때문에 굳이 시계가 필요 없지만, 왠지 하나쯤은 침대 밑에 놓아두어야 할 것 같았어요. 그래서 형태를 좀더 단순화하여 시멘트로 제작에 들어갔습니다. 시계 본체는 '시멘트 파이프 시계'와 같은 방식을, 알람 종은 '흔들 화분'과 같은 방식을 응용했습니다. 얇은 기둥 다보를 사용해서 본체와 종을 연결시키고, 시계를 지탱해 주는 다리로도 이용했어요. 시계 무브먼트는 '시멘트 파이프 시계'에서 사용한 제품과 동일합니다.

아침잠이 많아 지각이 잦은 분들은 자명종 시계에 도전해 보세요. 알람이 안 울릴 것 같은 불안감에 새벽잠이 달아납니다. 도면은 부록 페이지를 참고하세요.

Materials

1 나무스틱 / 2,500원(1묶음)
2 칼 / 3,100원
3 시계 무브먼트 / 1,000원
4 니켈 기둥 다보(Ø8mm×20mm) / 1,000원
5 테이프 / 1,500원
6 가위 / 2,700원
7 글루건 심(소) / 1,400원
8 순간접착제 / 3,000원
9 종이그릇 / 1,100원(10개)
10 아크릴 반구(Ø50mm) / 2,000원
11 전산 볼트(Ø5mm×30mm) / 400원
12 양면테이프 / 2,600원
13 원형커터 / 24,700원
14 포맥스(1mm) / 900원
15 투명 PVC판(0.3mm) / 400원
16 모르타르 시멘트 / 5,000원

⟶ 시계 무브먼트와 아크릴 반구는 온라인에서도 판매하지만 남대문 알파문구점을 이용하면 한꺼번에 구매할 수 있습니다.

Process

1 도면에 맞춰 원형커터로 포맥스를 자릅니다.

2 8개의 'Part D'를 뭉쳐서 옆면을 테이프로 감아 줍니다.

3 포맥스 뭉치 한쪽 면에 양면테이프를 붙이세요.

4 이것을 'Part E'에 붙입니다.

5 'Part C'를 이어 붙여서 원통을 만든 후, 포맥스 뭉치와 붙이세요.

6 도면에 맞춰 PVC 옆면에 볼트 구멍을 뚫어 줍니다.

7 'Part B'를 만들어 틀 윗부분에 끼웁니다.

8 순간접착제로 단단히 고정시켜 줍니다.

9 4개의 구멍에 전산 볼트를 끼웁니다.

10 좀더 단단히 고정하기 위해서 니켈 기둥 다
   보도 돌려 끼우세요.
11 틀 안쪽 가운데에 순간접착제 한 방울 묻히
   세요.
12 글루건 심을 붙입니다.
13 'Part A'를 이용해 내부 틀을 만듭니다.
14 내부 틀 중심에 글루건 심이 들어갈 구멍을
   뚫으세요.

15 사진처럼 두 개의 틀이 끼워지는 구조를 만
   듭니다.
16 시멘트 반죽을 글루건 심의 15mm 높이까지
   채웁니다.
17 내부 틀을 큰 틀 안에 끼웁니다.
18 틀의 나머지 공간을 시멘트 반죽으로 채웁
   니다.

<table>
<tr><td>19</td><td>시멘트가 다 굳었으면 기둥 다보를 빼고 조심스럽게 틀을 벗겨냅니다.</td><td>24</td><td>시계 무브먼트를 시계 본체 뒤쪽에 고정합니다.</td></tr>
<tr><td>20</td><td>아크릴 반구에 시멘트 반죽을 채우세요.</td><td>25</td><td>시침, 분침, 초침을 연결합니다.</td></tr>
<tr><td>21</td><td>기둥 다보를 5mm정도 남겨 놓고 시멘트 반죽 안에 심으세요.</td><td>26</td><td>기둥 다보를 돌려 끼워서 시계 다리를 만드세요.</td></tr>
<tr><td>22</td><td>사진과 같은 모양으로 2set를 만듭니다.</td><td>27</td><td>시멘트 종을 돌려 끼워서 자명종 시계를 완성합니다.</td></tr>
<tr><td>23</td><td>시멘트가 굳으면 틀 밖으로 쏙 빼내세요.</td><td></td><td></td></tr>
</table>

다보는 크기와 형태, 소재에 따라 다양합니다. 내경 지름에 따라서도 나뉘는데 자명종 시계에 쓰인 제품은 기둥 다보(외경 지름 8mm, 내경 지름 5mm, 길이 20mm)와 전산 볼트(지름 5mm, 길이 30mm)입니다. 기둥 다보가 너트 역할을 하기 때문에 전산 볼트를 돌려 끼울 수 있어요.

아크릴 반구에 시멘트 반죽을 넣고 기둥 다보를 심을 때, 다보 표면이 매끄러워서 굳은 후에 쉽게 빠질 수가 있어요. 그렇기 때문에 반죽 안에 심어지는 다보의 표면을 테이프를 감아 주거나 거칠게 만들어 주면 시멘트에 단단히 고정시킬 수 있습니다.

'흔들 화분'에서 설명했던 것처럼 시멘트가 다 굳고 아크릴 반구를 제거할 때, 분리가 잘 안 될 경우가 있는데, 이럴 때는 억지로 틀을 제거하지 말고 좀더 건조시키세요. 시멘트가 굳으면서 살짝 수축하기 때문에 시간이 지나면 자연스럽게 분리됩니다.

이렇게 정성스럽게 모든 부품을 완성했으면, 그 다음은 하나씩 조립하며 성취감을 맛볼 시간입니다. 마치 건담 프라모델을 완성했을 때의 쾌감을 느낄 거예요. 가장 흥분되는 시간이죠.

스탠드 조명

난이도 : ★★★★☆ 소요시간 : 4시간

———→ 침대 밑에 놓아 둘 스탠드 조명을 만들었습니다. 협탁 없이도 사용할 수 있는 크기로 말이죠.

기본적인 재료는 파인우드 반원형을 이용했습니다. 두 개를 합쳐서 조명의 뼈대로 사용할 기둥을 만들었어요. 이보다 작은 크기의 반원형은 십자 형태로 만들어, 기둥의 이음매 역할을 했습니다. 나중에 이 위에 소켓을 고정시킬 수 있었죠. 나무를 붙일 때는 기본적으로 순간접착제를 이용했어요. 그 위에 고무줄을 감은 이유는 더욱 견고하게 만들기 위함도 있지만, 디자인 포인트로 활용하고 싶었기 때문입니다.

전등갓은 알루미늄 타공판을 이용했습니다. 나무 기둥 사이로 타공판을 통과시켜 둥글게 말았죠. 미세한 타공이 뚫려 있기 때문에 전등갓이 반투명처럼 보이며, 은은한 빛이 새어 나왔습니다. 특히 재질이 금속이라 빛이 난반사되면서 독특한 형태로 빛 맺힘이 생겼는데, 마치 모래시계 같았죠.

부록 페이지의 도면과 조립도를 참고하세요.

Materials

1 자 / 2,200원
2 니퍼 / 4,500원
3 드라이버 / 3,300원
4 전구 / 5,000원
5 소켓 / 1,500원
6 가위 / 2,700원
7 드레멜 / 53,000원
8 코팅 목장갑 / 3,400원(10켤레)

9   케이블 타이 / 650원(1묶음)
10 스위치 전선 / 3,300원
11 순간접착제 / 3,000원
12 알루미늄 타공판 / 4,000원
13 파인우드 반원형(Ø10mm) / 1,200원
14 파인우드 반원형(Ø20mm) / 2,560원
15 고무줄(흰색) / 6,400원(1뭉치)
16 칼 / 3,100원
17 톱 / 4,500원

⟶ 파인우드 반원형, 알루미늄 타공판, 고무줄은 남대문 알파문구점에서 한꺼번에 구입했습니다. 홈페이지를 통해서도 구매할 수 있어요.

Process

1   조립도에 명시된 크기대로 Ø10㎜ 반원 목봉을 재단합니다.

2   순간접착제를 이용하면 쉽고 빠르게 붙일 수 있어요.

3   긴 목봉의 가운데를 비워 두고 양쪽에 짧은 목봉을 붙입니다.

4   사진과 같이 두 세트를 만든 후,

5   십자 형태로 엇갈려 끼우세요. 크기 별로 총 3세트입니다.

6   십자 중심에서 30㎜ 떨어진 곳에 드레멜로 구멍을 뚫어 줍니다.

7   구멍 안으로 고무줄을 넣은 후, 매듭을 묶어 줍니다.

8   예쁘게 돌돌 감아 줍니다.

9   반대편 구멍에 고무줄을 넣은 후, 매듭을 지어 마무리합니다.

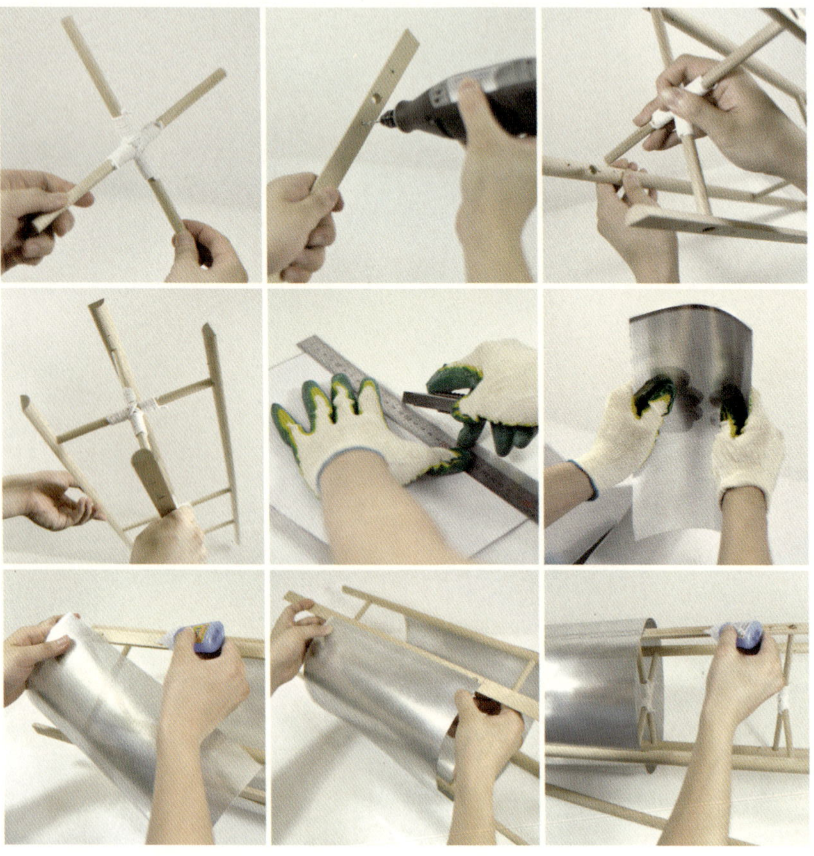

10 같은 방식으로 십자 형태로 고무줄을 감아 줍니다.

11 'Part A' 도면에 맞춰 Ø20㎜ 반원 목봉에 구 멍을 뚫어 주세요.

12 큰 구멍(Ø10㎜)에 십자 목봉을 끼웁니다.

13 사진과 같이 십자 목봉 3세트를 모두 끼워 주세요.

14 'Part C'의 크기에 맞춰 사다리꼴로 타공판 을 재단하세요. 옆변만 자르면 됩니다.

15 자른 타공판을 둥글게 휘어 주세요.

16 순간접착제를 이용해서 타공판을 나무에 임시적으로 고정시킵니다.

17 타공판 밑변을 가운데 끼워진 십자 목봉 구 멍 중심에서 10㎜ 아래로 붙이세요.

18 타공판을 고정시킨 후, 목봉 전체에 순간접 착제를 충분히 발라 줍니다.

19 이 위에 Ø20mm 반원 목봉 'Part B'를 붙여 주
    신 다음,

20 작은 구멍 안으로 고무줄을 넣은 후, 매듭
    을 묶어 줍니다.

21 고무줄을 감은 후, 매듭을 지어 마무리합
    니다.

22 니퍼를 이용해 전선의 피복을 벗겨낸 다음,

23 전선을 꼬아 줍니다.

24 소켓에 전선을 연결하세요.

25 소켓을 가운데 십자 목봉 중앙에 위치시킨 후,

26 케이블 타이로 고정시킵니다.

27 마지막으로 전구를 소켓에 끼우면 완성!

알루미늄 타공판을 사용한 이유는 불연성과 내구성이 강하기 때문입니다. 또한 원형 프레임이 없이도 전등갓의 형태를 유지할 수 있는 소재가 필요했는데, 알루미늄 타공판이 가장 이상적이었죠. 금속판을 가공할 때는 원래 함석가위를 사용해야 하지만, 알루미늄 타공판이 얇기 때문에 칼로 몇 번 그어 주고 접었다 펴면 쉽게 자를 수 있습니다. 잘린 면이 날카로우니 꼭 장갑을 착용하세요. 사다리꼴로 자르는 이유는 시중에 판매하는 타공판의 크기가 한계가 있을뿐더러, 재단을 용이하게 하기 위함입니다. 원래는 윗변과 아랫변을 곡선으로 잘라야 이상적인 형태를 만들 수 있지만, 재단 부분이 날카롭기 때문에 사용할 때 위험할 수 있어요. 반면, 옆변은 나중에 나무를 겹쳐 가릴 수 있기 때문에 크게 문제되지 않습니다.

제작하면서 아쉬운 점이 있다면, 목봉에 감은 고무줄의 색상입니다. 머릿속에서는 나무에 흰색 고무줄이 굉장히 잘 어울릴 줄 알았는데, 실제 만들고 보니 베스트는 아니더군요. 흰색이라 그런지, 마치 다리에 깁스를 한 환자 같아 보였어요.

코뿔소 조명

난이도 : ★★★★★ 소요시간 : 8시간

———→ 코뿔소를 형상화한 헌팅 트로피 조명입니다. 코뿔소 랙을 크게 확대해서 조명으로 응용했어요. 사실 이 전에 실제 코뿔소 머리 크기 정도의 헌팅 트로피에 도전했었습니다. 하지만 첫 작업은 보기 좋게 실패했어요. 사이즈가 거대하기 때문에 무게를 줄이기 위해서 내부에 우레탄폼 스프레이를 발포했는데, 이게 화근이었죠. 화학적 특성상 PVC 틀에 닿으면 우레탄이 굳지 않고 녹아내리더군요. 결국 커다란 우주괴물이 탄생했습니다. 닥터 모로가 된 기분이었어요. 실패 후 크기를 작게 하여 시멘트로 제작한 것이 코뿔소 랙이었습니다. 하지만 내심 실패가 마음에 걸렸어요. 자고로 코뿔소하면 머리가 커야 제맛이기 때문에, 조명으로 응용하여 재도전했습니다. 한번 만들어 봐서인지 큰 어려움 없이 뚝딱뚝딱 만들었어요. 내부에 우레탄폼 대신 조명을 설치하고, 외부는 한지로 감쌌습니다. 불을 켜니, 한지에 비치는 은은한 빛이 지난날의 추억을 떠올리게 하더군요.

　hankukilbo.blog.me에서 코뿔소 조명의 첨부파일을 클릭하면 도면을 다운 받을 수 있습니다.

Materials

1 순간접착제 / 3,000원
2 스위치 전선 / 3,300원
3 전구 / 5,000원
4 가위 / 2,700원
5 드라이버 / 3,300원
6 니퍼 / 4,500원
7 칼 / 3,100원

8 자 / 2,200원
9 소켓 / 1,500원
10 벽걸이 브라켓 / 1,000원
11 테이프 / 1,500원
12 포맥스(1mm) / 900원
13 투명 PVC판(0.3mm) / 400원
14 한지 / 900원
15 3M 스프레이접착제 / 12,600원

⟶ 전구과 소켓은 세운청계상가 옆길에 있는 전업사에서 구매했어요. 동네 철문점 또는 온라
인에서도 구할 수 있습니다.

Process

1 도면을 다운받아서 출력합니다. 이를 투명 PVC판에 붙인 후, 칼로 자릅니다.

2 코뿔소 랙과 동일한 도면입니다. 크기만 달라요.

3 뒷면 가이드로 사용할 포맥스에 브라켓을 붙입니다.

4 전선 피복을 깔끔하게 벗겨 내세요.

5 소켓에 연결합니다.

6 소켓을 가이드에 단단히 고정시킵니다.

7 전선을 아래로 빼낸 후, 뒷면에 가이드를 붙입니다.

8 스프레이 접착제를 뿌립니다.

9 한지를 도면에 맞춰 자른 후, 틀에 붙이세요.

만드는 과정은 코뿔소 랙과 동일합니다. 크기만 다를 뿐이죠.

틀이 PVC로 이루어져 있기 때문에 발열이 심한 전구는 사용하지 마세요. 백열전구보다는 삼파장 볼전구(15W짜리)가 적당합니다. 틀에 빛이 잘 투과되기 때문에, 조도가 낮은 전구가 무드등으로 활용하기 좋아요. 소켓에 전선을 연결한 후, 전선을 틀에 한 번 더 고정시켜 줍니다. 그래야 전선을 당겼을 때 빠지지 않고, 합선의 위험도 줄일 수 있어요. 매번 강조하지만, 전기 작업을 할 때는 신중하고 꼼꼼히 작업해야 합니다.

제작하며 한 가지 아쉬웠던 점은 투명 PVC판으로 틀 제작하기에 앞서, 미리 한지를 붙여 두지 못한 것이었습니다. 나중에 도면에 맞춰 한지를 다시 자르고 붙이는 것이 쉽지 않았어요. 도전하실 때는, 먼저 투명 PVC판에 한지를 붙이고, 틀을 접어서 조립하면 훨씬 쉽게 작업할 수 있습니다. 굳이 한지가 아니더라도 각자 취향에 맞게 다른 소재를 응용해 봐도 좋습니다. 예쁜 패턴이 들어간 포장지나 얇은 시트지를 응용해 보세요. 분명 색다른 분위기를 연출할 수 있을 테니까요.

전부 완성했으면 침대 머리맡에 불타는 코뿔소 한 마리 걸어 두세요. 코뿔소와 친한 유니콘도 같은 방식으로 응용할 수 있습니다.

많은 분들이 직접 만든 작품 사진과 후기를 메일로 보내 주셨습니다. 놀라운 점은 제가 만들면서 느꼈던 즐거움을 이미 경험하고 공유하셨다는 점입니다. 지금까지의 과정들이 무엇인가 의미 있는 삶의 일부분이 된 것 같아 기뻤습니다. 단순히 취미로 시작했던 작업들이 다른 분들의 후기를 통해서 더 큰 의미를 얻게 되고, 이를 통해 오히려 제가 더 배우고 깨닫게 되었죠.

김채린 님

"집에 양초보다 티캔들이 더 많아서 티캔들용으로 바꿔서 테트라포드를 만들어 봤어요. 그런데 입구를 티캔들에 맞추다 보니 사이즈가 자이언트! 덕분에 시멘트가 어마어마하게 들어가고 무게도 묵직해졌네요. 그리고 염료를 섞어서 예쁜 색으로 만들고 싶었어요. 가죽용 염료가 있길래 그걸 썼더니, 손이 알록달록하게 물들었어요. 머리를 두 번 감으니 좀 연해지긴 했어요. 그리고 분명 보라색과 주황색 염료를 썼는데 하늘색과 노란색이 나와서 깜짝 놀랐네요."
⟶　따라해 보는 것뿐만이 아니라, 상황에 맞게 응용해서 새로운 소품이 만들어졌어요. 레시피를 참고해서 취향대로 요리를 만들듯, 자신만의 소품이 탄생한 거죠.

강유미 님

"안녕하세요. 드디어 에펠탑과 다보탑을 완성했습니다. 처음 해봐서 그런지, 은 근 어깨 아프고 힘들더라고요. 다음에는 다른 것도 도전해 보려고요. 제 블로그 에도 올려놨으니까 한번 봐주세요. 그럼 전 장판에 좀 지지러 가야겠어요."

→ 디자인 레시피에서는 못 위치를 드레멜을 이용해서 뚫었습니다. 못을 박 았을 때, 나무가 갈라지는 것을 방지하기 위함이었죠. 드릴로 구멍을 뚫는 방법 도 있지만, 장비가 없는 분들은 작업이 어려울 줄 알았습니다. 하지만 제가 생각 지 못한 훨씬 쉽고 간단한 방법이 있었어요. 송곳을 이용하는 거죠. 다른 분들과 경험을 공유함으로써 제작 노하우가 발전하게 되었어요.

권성철 님

"처음 만들어 봐서 그런지 코뿔소 얼굴에 구멍이 많이 뚫렸네요. 즐거운 취미 생활을 할 수 있게 매번 정보 제공해 주셔서 무한 감사드립니다."

→ 폴리곤 형태의 시멘트 틀을 만드는 것은 쉽지 않은 작업이에요. 저 또한 여러 번 시도해서 완성할 수 있었습니다. 처음 작업한 결과물치고는 매우 손재주가 좋은 분이셨죠. 결과물만 보더라도 제작 과정에서 겪었을 난관과 생각이 읽혀집니다. 시멘트의 특성상 기포 구멍이 더 멋진 요소로 보일 수 있어요. 처음 틀을 뜯어냈을 때는 시멘트가 어두워 보이지만, 시간이 지나면서 하얗게 변하는 것을 확인할 수 있습니다. 그러면 기포가 훨씬 자연스러워 보여요.

김철민 님

"새로운 것에 도전하기 좋아하는 1인으로서, 보여 주기 위한 작품이 아닌, 함께 해볼 수 있도록 길을 열어 주셨다는 점에 감사드려요."

→ 파인애플 화분이 연필꽂이로도 쓰일 수 있다는 것을 알았어요. 같은 형태라도 사용자에 따라 다른 용도로도 쓰일 수 있습니다. 자신만의 소품을 만들어 가면서 저마다의 이야기를 담는 거죠.

사방으로 펼쳐져 있는 필기구가 마치 파인애플 잎처럼 보였어요. 최대한 비슷해

보이려고 파인애플 잎처럼 생긴 식물을 찾아 돌아다녔었는데, 필기구를 꽂아두는 것만으로도 같은 효과가 생기다니, 놀라웠습니다.

안우성 님

"손재주가 많이 좋지는 않아서 PVC와 한지를 붙인 부분이 안 예쁘긴 해도 분위기는 너무 좋아요. 컴퓨터 잘하는 친구한테 사슴 도안도 만들어 달라고 했답니다. 3D프로그램에 종이접기 설정해서 만들어 준다는데 잘 될지는 모르지만, 완성하면 최근 이사 간 지인한테 선물하려고요. 아~ 그리고 백열전구에 조광기 스위치를 달아서 원하는 밝기로 조절하며 쓰고 있어요."

→　제가 미처 생각하지 못했던 부분에 아이디어를 더해서 다른 방식으로 응용하셨습니다. 이러한 과정을 블로그에 올려서, 다른 분과 공유하셨어요. 만드는 즐거움이 발전해 나가는 멋진 일이었죠.

박상웅 님

"저는 에그스크램블이 먹고 싶었습니다. 실제로 다섯 개를 만들고 점심에 스크램블을 먹었어요. 만드는 동안 정말 즐거웠습니다. 계란 껍질을 까는데 즐거워 어찌할 바를 모르겠더군요."

→　어떻게 제작하느냐를 떠나 만드는 과정 자체를 즐기시는 분들을 볼 때, 무척 뿌듯했어요. 제가 느끼는 즐거움을 다른 분들과 공유하는 느낌이 들었습니다. 클립 홀더를 만들 때, 계란 껍질을 떼어내며 느꼈던 두근거림이 다시금 떠올랐습니다. 의도했던 바가 이루어졌을 때 느껴지는 쾌감은 이루 말할 수 없거든요.

김재휘 님

"블로그에서 사운드 독을 보고, 바로 제작에 들어갔습니다. 모형 틀을 만들어 놓고 시멘트를 친구에게 부탁했습니다. 친구가 많이 게으른 탓에 시멘트 구하기가 오래 걸렸습니다만, 만들고 나니 뿌듯하더군요. 바로 아이폰을 꽂아 들어 보니 확실히 울림이 다르더군요. 아주 만족하고 있습니다."

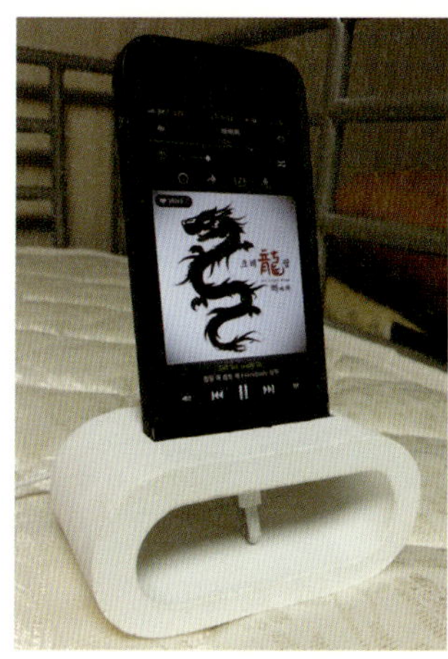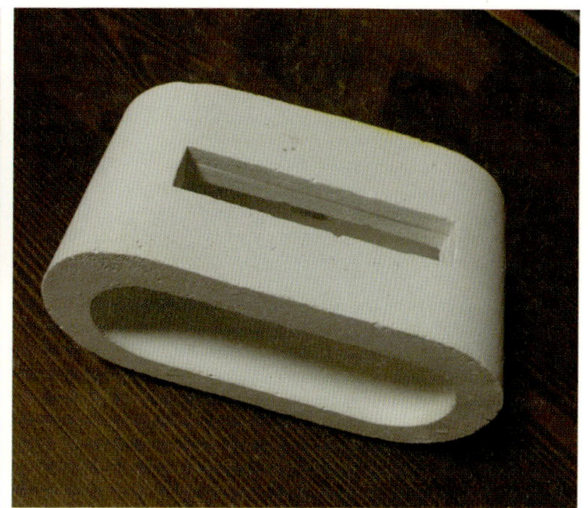

→ 이 분의 결과물을 보고 깜짝 놀랐어요. 시멘트 표면의 마감이 매우 깔끔했거든요. 핸드폰 케이스 두께도 미리 계산해서 사운드 독에 꽂을 수 있게 알맞은 구멍을 만들었어요. 오히려 제가 제작한 사운드 독보다 낫더군요.

모성진 님

"지금까지 나만 이걸 만들고 있을까 의문이 갔는데, 블로그의 후기 사진들 보니 완전 재미있네요. 콘크리트 회사에 다녀서 시멘트가 엄청나게 남아돌기 때문에, '수도꼭끼리'에 도전했습니다. 많은 디자인 아이디어를 소개시켜 주셔서 다른 분들에게 소중한 선물을 하고 있습니다."

→ 너무나 완벽하게 코끼리 화분을 완성하셨습니다. 제작 과정도 촬영해서 같이 보내 주셨는데, 정성스럽게 작업한 흔적이 고스란히 담겨 있더군요. 이 외에도 에펠탑 액자를 응용한 이름 액자를 만드셨는데, 손재주가 매우 좋으신 분이었죠.

김기철 님

"테트라포드 실패 이후, 분노의 뽁뽁이 에펠탑을 만들어 봤어요. 생각보다 엄청 힘드네요. 책상 위에 쭈그려 앉아서 3시간을 사투, 덕분에 좋은 장식품을 만들었어요. 그런데 한 달 정도 지난 지금은 증발돼서 윤곽만 조금 남았어요. 완전히 증발되면 그때는 미술용 기름에 유성물감을 타서 넣는 게 영구보존(?) 가능한 방법일 것 같네요."

⟶ 직접 도안을 만들어서 창문에 커다란 에펠탑을 만드셨더라고요. 한 땀 한

땀 계산해 가며 작업하는 게 쉽지 않으셨을 텐데 말이죠. 겨울철 동안은 유지될 것 같았는데, 이 점은 저도 예상 못했어요. 해결책을 찾지 못해 고민 중이었는데, 감사하게도 직접 경험하시고, 피드백을 주셨습니다.

김강희 님

"원래 뭐든 만드는 것을 좋아하긴 하는데 힘들면 금세 그만두거든요. 근데 새로 접해본 소재로 새로운 것을 만든다는 설렘에 3일 동안 내내 부여잡고 있었는데도 질리지 않고 재밌게 만들었어요. 다 만들었을 때의 뿌듯함이란 말로 설명할 수 없네요. 사실 이 전에 코뿔소도 한번 실패하고, 유니콘은 틀만 몇 번을 만들었는지 몰라요. 잠깐 잠깐 짜증은 났지만 거듭 도전하는 과정 덕분에 더 재밌었던 것 같아요. 성공했을 때의 뿌듯함도 훨씬 컸고요!"

→　거듭된 실패에도 끝까지 완성했을 때의 성취감이란 이루 말할 수 없습니다. 도전과 실패를 진정 즐기실 줄 아는 당신이 챔피언.

김수진 님

"사각조명을 만들었어요. 그런데 치수 대충 보고 나무를 사서 조립하다 보니 도면이랑 안 맞더군요. 대형 문구점에서 구입했는데, 전 그곳에서 파는 종류가 전부인 줄 알았거든요. 모양이 이상해지긴 했지만 그냥 잘 쓰고 있어요. 꽈배기 조명은 성공했어요. 이제 집에 조명이 두 개예요. 원룸이라 방이 코딱지만 한데 조명이 두 개라서 훤하니 좋아요. 언제나 좋은 작품 올려 주셔서 감사합니다. 만드는 재미도, 실패하였을 때의 분노도, 그리고 완성되었을 때의 성취감과 기쁨도 너무 좋습니다."

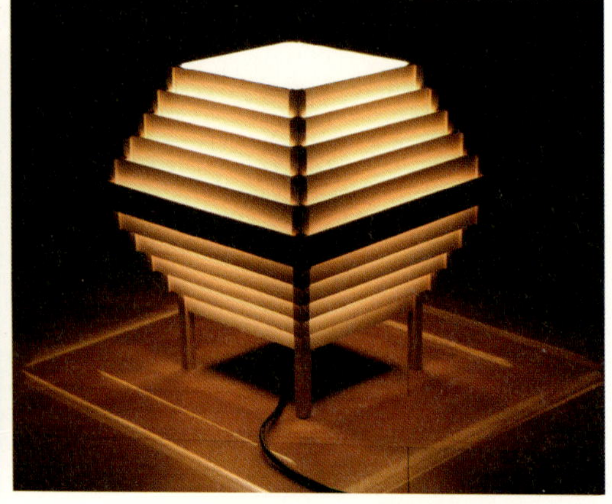

→ 이 외에도 많은 분들이 야광조명, 테트라포드 촛대, 코끼리 화분, 에펠탑 액자, 자명종 시계 등 다양한 레시피에 도전하시고 후기를 남겨 주셨어요. 마지막 멘트에서 큰 감명을 받았습니다. 진정 결과보다 만드는 과정에서 더 큰 즐거움을 찾으신 분이셨거든요.

PART 5

초밥집 인테리어 도전기

콘셉트 세우기, 현장 점검, 내부 · 외부 설계, 철거와 설비 작업,
배관 공사와 폴딩 도어, 목공, 칠 준비와 파사드 작업, 칠, 타일 작업과 기기 설치,
제작 가구와 조명, 기성 가구와 선반, 간판과 타이포그래픽 작업, 마무리

金味
sushi Kanemi

누구나 한 번쯤 삼청동이나 합정동에 커피숍을 만들고 한가로운 날에는 친구들을 초대해서 커피 한잔 만들어 주는 꿈을 꿔보신 적 있을 것입니다. 저도 항상 나만의 가게, 나만의 아지트를 만들고 싶은 꿈이 있었거든요. 더 나아가 언젠가는 '디자인 레시피' 최종 목표로 '직접 집짓기'를 구상하고 있습니다. 그게 10년, 20년 후가 될지라도요.

하지만 무엇보다 가장 큰 걸림돌은 돈이겠죠. 어떤 사업을 구상한다면 그에 맞는 공간이 필요한데, 인테리어 비용만도 만만치 않거든요. 잡지나 TV에서 만나는 멋지고 화려한 공간을 누구나 꿈꾸지만, 막상 계산기를 두드려 보면 한숨부터 나옵니다. 결국 현실에 맞춰 계획을 수정하다 보면 다른 가게와의 차별성을 갖기 힘들어지죠.

인테리어 비용을 최대한 줄이면서 나만의 차별화된 공간을 꾸밀 수 있다면? 창업을 준비하시는 분들뿐만 아니라 자신의 집을 새롭게 꾸미기를 원하시는 분들이라면 한 번쯤 생각해볼 만한 고민이지요. 지금부터 들려드릴 초밥집 인테리어 도전기는 그런 분들께 조금이나마 도움이 될 만한 기록입니다.

어느 날, 한 친구가 초밥집을 열겠다고 인테리어를 도와달라고 했어요. 인테리어를 해본 적이 없었기 때문에 뜬금없는 소리 같았지만, 친구 입장에서는 디자인을 전공했으니 당연히 인테리어도 할 수 있을 거라 생각한 거겠죠. 우선 친구에게 평소 인테리어에 대해서 관심을 가졌던 건 사실이지만 제가 전공한 산업디자인과 인테리어 디자인은 별개라고 설명해 줬어요. 하지만 동네 인테리어 업체에 맡기려 해도 예산이 적어 선뜻 나서는 업체가 없고, 터무니없는 가격을 부르는 곳이 많아서 업체를 선정하기 어렵다는 친구의 고민을 외면할 수 없었습니다. 결국 제가 아는 범위 내에서만 도와주기로 했습니다. 더욱이 전 직장을 다니고 있었기 때문에 공사 전 단계인 디자인 설계 과정까지만 진행하려고 했어요. 기본적인 캐드 도면은 그릴 줄 알았거든요. 하지만 이것저것 챙겨 주다 보니 결국 공사 마무리까지 짓게 되었습니다.

의뢰자의 가게는 주택가 골목들로 상권이 형성되어 있는 장소, 이른바 비활동 경제지역. 게다가 영화 〈13구역〉에 나올 법한 시장 골목 끄트머리에 위치하고 있었어요. 그 당시 의뢰자에게 말하지는 못했지만, 한국에서 창업하면 90%는 1년 안에 망한다고 하는데, 이곳이라면 99.99%라고 생각했어요. 하지만 친구의 완강한 부탁도 있고, 새로운 영역을 공부하는 셈치고 도전해 보기로 마음먹었습니다. 빠듯한 예산과 뜬금없는 장소라는 악조건이 있었지만, 측은지심으로 최선을 다해서 '가게가 예뻐서' 망하지 않게 만들고 싶었어요.

초밥집을 오픈하려는 곳은 원래 문구점이었습니다. 25평 규모로, 친구의 부모님께서 오랫동안 운영해 오시던 곳이었죠. 하지만 길 건너편에 대형 문구점이 생기자 주요 고객층인 초등학생 손님들을 빼앗겨 매출이 점점 감소하고 있었습니다. 이곳을 반으로 나눠서 한쪽은 문구점, 다른 한쪽은 초밥집으로 바꿀 예정이었죠. 하지만 대로변이 아닌 이면 도로에 위치하여 유동 인구가 적었기 때문에, 과연 초밥집으로 성공할 수 있을지 의문이었습니다. 다행인 점은 주택가로 이루어진 동네라 그런지 반경 500m 내에는 일식집을 찾아보기 힘들더군요. 더욱 다행인 점은 원래 부모님이 운영하시던 문방구를 반으로 나눴기 때문에 권리금이 없고, 가게가 1층이라는 것이었습니다.

하지만 막상 시작하려고 보니 양쪽이 터져 있는 공간을 가벽을 세워 분리시켜 줘야 하는 문제, 간판이 너무 커서 줄여야 하는 문제, 화장실이 문구점 쪽에만 있던 문제, 수도와 배관이 없던 문제 등 수많은 문제들이 있었고, 끝나갈 무렵에는 이게 인테리어 견적이 높아진 원인이 됐습니다.

콘셉트 세우기

직영으로 인테리어를 진행한다는 것은 인테리어 업체를 통하지 않고, 자신이 모든 과정을 총괄하여 인테리어를 진행하는 것을 말합니다. 직영은 디자인 콘셉트부터 설계, 업체 관리, 시공 감리 등 신경 써야 하는 부분들이 많지만 그만큼 인테리어 비용을 줄일 수 있다는 장점이 있습니다.

인테리어를 진행하기에 앞서, 우선 디자인 콘셉트를 정하는 것이 중요합니다. 머릿속에 가상의 이미지를 그려 보고 이를 구체화 시키는 것이죠. 가장 쉽게 접근할 수 있는 방법은 벤치마킹을 하는 것입니다. 거리를 둘러보면 가게마다 제각각의 다양한 스타일로 꾸며져 있잖아요. 여기저기 많이 둘러보고 그중 자신의 생각과 가장 근접한 매장을 타깃으로 삼으세요. 이를 바탕으로 자신만의 색깔이 묻어나올 수 있는 아이디어를 더하는 거죠. 그림으로 따지자면 사람을 그릴지, 동물을 그릴지, 우선 목표와 큰 방향을 설정한 뒤에 자신만의 스타일로 점점 세세한 묘사로 들어가는 것입니다. 이를 위해서 '보는 눈'을 키우는 것도 중요합니다. 평소 인테리어 디자인 잡지나 뉴스를 관심 있게 보고, 마음에 드는 것을 스크랩하는 습관을 기른다면 더욱 좋겠죠. 이렇게 큰 방향을 미리 설정해 놓으면 전문 업체 또는 직영으로 인테리어를 할 때, 좀더 효과적으로 진행할 수 있습니다.

의뢰 받은 초밥집은 '저렴한 가격으로 누구나 친근하게 즐길 수 있는 곳'이길 원했어요. 보통 초밥집을 생각하면 전통적인 일본식 분위기가 상상되잖아요. 왠지 남성 분들이 청주 한잔하면서 사업 이야기를 나눌 것 같았죠. 이런 초밥집 이미지를 여자 분들도 좋아하는 카페 느낌으로 바꾸고 싶었습니다. 캐주얼하고 친숙한 느낌으로 편하게 이용할 수 있게 말이죠. 이러한 콘셉트를 참고 이미지와 함께 의뢰자에게 설명해 줬습니다. 혹시나 마음에 들지 않을까 걱정했었는데, 다행히 인테리어에는 관심이 없는 친구라 너무 쉽게 수긍하더라고요. 그리하여 최종 콘셉트의 슬로건을 '초밥집을 카페처럼'으로 세웠습니다.

현장 점검

설계 전에 가구의 배치와 고객, 주방장의 동선을 구상하기 위해 현장 점검을 나섰습니다. 예산이 빠듯했기 때문에 가능한 현재 있는 마감재를 활용하는 것을 검토했고, 실제로 바닥은 기존 석재를 사용하기로 했습니다. 대신, 과감하게 투자할 만한 요소에는 요청해서 몇 가지를 얻어낼 수 있었는데, 외부 파사드와 내부 오픈바 목재 사양입니다. 다른 건 몰라도 두 가지 요소에 힘을 주지 않으면 다른 매장과 차별화할 수 있는 요소가 거의 없었기 때문이었죠.

현장은 4층 주거용 빌라에 1층에는 상가로 등록되어 있었고, 미용실에서 문구점으로, 마지막으로는 초밥집으로 업종 변경이 된 공간이었습니다. 음식점이 아니었기 때문에 환기, 배관, 배수 시설이 부족했고, 철거 전이라 내부 시설들과 골조를 확인하기 어려웠지만 그래도 대략적인 실측을 마쳤습니다.

내부는 겹겹이 쌓인 벽지와 체리톤의 우드 마감, 빌트인으로 되어 있는 책장들, 대리석 바닥으로 이루어져 있었습니다. 처음 대리석 바닥을 보고 조금 놀랐어요. 마치 지하철 승강장에 온 듯한 느낌이었거든요. 요즘 카페에서 유행하고 있는, 표면을 에폭시로 처리한 노출 콘크리트 느낌을 원했는데, 이와는 정반대였죠. 그렇다고 대리석을 전부 걷어내기에는 비용이 만만치 않았습니다. 바닥은 있는 그대로

최대한 이용하기로 했어요. 쉽게 쓰지 않는 소재이기에 나름대로 특징적이기도 하고 오히려 차별화할 수 있겠다고 생각했습니다.

문방구 안쪽으로 쪽문 하나가 있는데, 안에는 창고 겸 부엌 용도로 사용했던 공간이었습니다. 환기 시절이 잘 되어 있지 않아서 곰팡이와 습기가 가득했어요. 그래도 가뜩이나 공간이 부족한 터라 이마저도 매우 반가웠습니다. 이곳을 잘 고쳐서 안주방으로 이용하면 될 것 같았거든요.

내부, 외부 설계

전공이 디자인이다 보니 CAD를 다루는 데 익숙해요. 캐드란 컴퓨터를 이용하여 설계하는 것을 말합니다. 건축이나 기계, 전기 등의 분야에서 설계를 할 때 컴퓨터 프로그램을 이용하면 쉽고 빠르고 정확하게 할 수 있죠. 주로 'AutoCAD'라는 프로그램을 이용하는데 일반 사람들이 접하기는 쉽지 않아요. 그렇다면 설계를 못하나? 아니죠. 요즘에는 누구나 쉽게 설계할 수 있는 프로그램이 많이 개발되었는데, 그중 'SketchUp'이라는 프로그램이 있어요. 구글에서 인수했던 트림블사가 제공하는 프리웨어입니다. 하루 1시간씩만 투자해서 10일 정도면 어지간한 도면은 3D까지 표현이 가능해요. 인터넷 검색하면 다양한 학습 동영상이 많으니, 초보자도 쉽게 접할 수 있습니다. 이제는 누구나 관심만 있으면 자신의 공간을 가상으로 꾸며 볼 수 있는 거죠.

이러한 캐드 작업을 통해, 현장에 가구와 기기를 얹으면서 대략적인 구조를 이해하고, 완성된 모습을 예상해 봅니다. 주방장과 고객의 소통이 가능한 오픈 키친이 콘셉트가 요구하는 바였기 때문에, 이를 효과적으로 보여 주기 위해 고민을 했어요. 그래서 오픈 바를 적극 활용하기로 했습니다. 하지만 테이블 수를 줄여야 했기 때문에 수용 인원도 줄어들 수밖에 없었죠. 반면, 의뢰자는 작은 공간에서 무작정 수용 인원을 최대한 늘릴 수 있기를 원했어요. 서로 만족할 수 있는 결론을 만들기는 어려웠지만, 결국 제가 갖고 있는 상점의 모습을 담아내려 했습니다. 상점은 장사하면서 돈을 버는 게 목적이지만, 일하는 사람 역시 즐겁게 일할 수 있는 공간이어야 한다고 생각했어요. 손님을 많이 받기 위해 자리를 확보하는 것도 중요하지만, 요리를 만드는 사람이 좀더 편하고 여유로워야 음식 맛도 더욱 좋아질 수 있겠죠.

오픈 키친은 안주방과 계산대와의 동선을 최소로 하여 피로도를 줄일 수 있게 일자 형태로 설계했습니다. 오픈 바는 손님들이 마주 보고 대화할 수 있도록 'ㄱ' 자 형태로 배치하였고, 가족 손님들이 많은 점을 고려하여 결합이 가능한 테이블을 계획하였는데, 나중에 이를 활용하여 모임 장소로까지 이용할 수 있었습니다.

심플하면서 감각적인 스타일을 추구하는 편이라 벽에 장식은 최소화했습니다. 벽 선반, 스틸 장식은 포인트 마감으로 진행했어요. 그러다 보니 수납할 수 있는 공간이 부족하게 되었고 이를 보완하기 위해 오픈 선반장을 추가로 배치했습니다.

입구에는 폴딩 도어를 설치하기로 했습니다. 폴딩 도어란 접이식 유리문을 말합니다. 카페 같은 곳에서 종종 보셨을 거예요. 다른 건 몰라도 폴딩 도어는 꼭 설치하고 싶었어요. 그 이유는 가뜩이나 공간이 협소한데 입구에 벽까지 생기면 엄청 답답해 보일 것 같았거든요. 공사가 끝난 후에도 이 부분이 가장 마음에 들었는데, 가을철에 놀러 가면 문을 활짝 열어서 테라스에서 맥주 한잔 하고 싶었습니다.

가게 입구에 단이 있어서 지나가는 사람들과의 눈높이가 같거나 약간 위에 있을 수 있었습니다. 이 점이 식사하는 고객에게 외부의 시선으로부터의 부담을 줄여 주고, 편안한 분위기를 연출하기 좋은 환경이 되었습니다. 파사드(건물의 주 출입구가 있는 전면부)는 매장의 주목성과 조명의 극명한 대비를 위해 테두리를 무광 스틸로 마감하기로 했습니다.

철거와 설비 작업

공사는 예산에 맞추기 위해 공기(공사 기간)를 최대한 단축하여 7일 안에 끝내는 것을 목표로 잡고 +1일을 추가로 확보하여 계획을 세웠습니다. 이렇게 공기를 단축하려는 이유는 마침 회사에서 휴가를 쓰게 되어서, 그 1주일 동안 현장에서 시공을 체크하고 감독하는 역할까지 맡기로 했거든요.

철거는 포털에서 철거업체를 검색해서 연락하시면 됩니다. 이때 인원하고 차량 대수에 따라 금액이 달라질 수 있기 때문에 예상 철거량을 신중히 판단해야 합니다. 철거시 주변 매장에 양해를 구하는 일도 중요하겠죠. 골목길의 경우 교통 체증을 일으킬 수 있으니 몇 톤 차량을 부를지 사전에 점검이 필요합니다. 철거를 시작하면 5시간 정도는 걸릴 수 있으니 끝나갈 무렵 설비업체를 묶어서 진행하면 다음 시공에 작업자들이 겹치지 않아 편하게 작업할 수 있습니다.

현장에서는 철거인원 2명과 2톤 트럭으로 철거를 시작했는데 생각보다 시간이 많이 걸려서 에어컨 설비업체 대기 시간이 발생했습니다. 점심시간에는 식사를 드려야 하기 때문에 공사 현장 주변 백반집을 알아두는 것도 도움이 됩니다. 전쟁터 마냥 폐허가 된 현장에서 다음 작업을 원활히 하기 위해서는 청소를 자주 해주는 것이 좋아요. 결국 현장에서 주로 했던 감리 업무는 청소와 밥 챙겨드리는 일이었습니다.

문구점은 그대로 운영하기 때문에 계속 사용할 자재나 목재에 손상이 가지 않도록 주의하면서 철거를 진행했습니다. 철거가 끝나자마자 설비업체를 통해 에어컨과 전기 설비를 시작했어요. 에어컨은 외부기 설치 장소를 사전에 계획하고 내력벽, 비내력벽을 확인하는 작업이 필요합니다. 또한 주택가의 경우 외부기 설치 장소 소음에 대한 클레임이 발생하기 때문에 주의해야 합니다. 전기 설비 기사님이 오시기 전에 전기 용량은 꼭 확인해 두세요. 기본적으로 일반 상가는 5kw를 사용하고 있지만 튀김기(3kw)와 냉장고가 들어가게 되면 추가 증설 작업이 필요합니다. 따라서 전기 기사님은 공사 전 미팅을 통해 필요량을 10kw로 늘리는 것으로 정했습니다.

전기 기사님과 조명 계획에 대해 공유하면서, 기기들의 위치를 정확히 명시해야 시간을 절약하고 재작업을 줄일 수 있다는 점을 명심해야 합니다. 조명 도면을 통

해 전선을 배치하고 조명 위치에 따른 레일 위치도 정해 주면 1차 전기 작업은 마무리됩니다.

전기 작업은 3차를 통해 진행됩니다. 1차는 초기 위치 정하기, 2차는 목공 작업 후 배선 노출, 3차는 전선 마감과 조명 설치로 나눌 수 있습니다.

배관 공사와 폴딩 도어

초밥집 현장은 문구점에서 사용하지 않았던 불과 물을 쓰는 주방이 필요하기에 배수 작업을 새롭게 해야 했습니다. 이를 위해 바닥을 걷어내어 기존 배수관과 새롭게 연결하고, 배관을 두 군데 추가했어요. 그리고 바닥 물청소를 위해 타일 시공 전, 시멘트로 물매를 주는 것으로 마무리했습니다. 물매는 물이 배수관으로 잘 흘러 내려갈 수 있도록 바닥에 기울기를 주는 것을 말합니다. 안에서는 이런 시멘트 작업과 보양 작업을 진행하였고, 동시에 밖에서는 도어업체를 불러서 폴딩 도어를 설치했어요. 일반적인 순서상 도어는 마지막에 시공하는 편인데 이번에는 공사 초기에 진행하였습니다. 그 이유는 문구점과 이어진 부분이 아직 파티션으로 나눠 있지 않아 문구점 도난 사고를 방지하기 위해서였죠. 또한 문구점의 출입구가 막혀버려 장사를 못했던 상황이었기 때문에 부득이하게 시공 절차를 변경했습니다.

폴딩 도어를 설치하기 전에는 공사 전에 미리 도어업체를 불러서 사이즈를 재도록 요청해야 합니다. 직접 재서 불러 줬다가 안 맞게 되면 다시 제작해야 하는 불상사가 생길 수도 있기 때문이죠. 폴딩 도어를 고를 때 주의할 점은 유동성이 있는 도어의 특성상 위아래 유격이 있으므로, 겨울철 추위에 취약할 수 있습니다. 따라서 유리는 이중창으로 하는 것이 좋아요. 가격 차이가 있지만 냉난방비를 아낄 수 있는 방법입니다. 폴딩 도어를 설치하면서 원래 있던 유리 도어를 어떻게 할까 고민했어요. 결국 문구점에 새롭게 문을 만들기에는 예산 문제도 있고 버리는 것도 아까워서, 이를 문구점 현관 도어로 활용했습니다.

목공

인테리어의 하이라이트이자 공사의 성패를 좌우할 수 있는 작업이 목공입니다. 지금까지가 리허설이었다면 이제 본격적으로 공간의 뼈대를 세우는 작업이죠. 목공 작업부터는 일당 30~35만원 되는 반장급 목수가 필요합니다. 다소 부담되는 인건비지만 마감을 중요하게 여긴다면 좋은 목수 기사님들을 활용하는 게 좋아요.

목공 작업은 이틀로 일정을 나눠서 첫날은 가벽과 벽 마감을, 둘째 날은 오픈바

작업과 냉장고 박스를 제작하기로 했습니다. 이때, 전기 작업에서 계획했던 콘센트 위치와 간접 조명 위치를 구체적으로 알려드려서 작업을 신속하게 진행시킬 수 있었습니다.

전기박스는 현장에서 제안한 것인데, 목수 분들은 가제트 만능팔을 갖고 계셔서 간단한 스케치와 사이즈만 불러드리면 무엇이든 뚝딱 만들어 주세요. 일당을 드린 만큼 그분들의 기술을 최대한 이용하는 것이 현명한 방법입니다.

칠 준비와 파사드 작업

목공 작업이 끝난 후, 칠 작업을 계획하느라 밤 12시가 되어서 현장을 떠났는데, 다음날 아침 새벽부터 나오신 칠 작업자 분들께서 미리 작업을 시작하고 계셨습니다. 총 세 분이 한 팀으로 움직이시는데 메인 작업은 두 분이, 나머지 한 분은 보조 역할을 합니다. 칠 작업은 공사 현장에 따라 다른데 이곳 현장은 작은 편이라 퍼티(일명 '빠데') 작업만 하고 바로 다른 현장으로 옮기시더라고요. 퍼티 작업이란 칠을 매끈하고 균일하게 표현하기 위해 이음매나 파임, 돌기, 갈라진 부분들을 메꾸는 작업입니다. 칠 작업에 들어갈 수 있게 컬러를 정하고, 커버테이핑

으로 보양하는 것으로 내부 작업은 마무리했습니다. 이와 동시에 밖에서는 파사드 작업을 진행했어요.

　파사드 작업은 건물 외벽의 붉은 벽돌과 어울리면서, 문구점과 구분될 수 있는 차별화된 소재가 필요했습니다. 그러던 중 모던한 카페 느낌을 더욱 살려 주기 위해 외부용 금속을 사용하기로 했어요. 처음에는 자연스러운 녹이 멋스러운 분위기를 연출하는 구로철판(열연강판)을 사용하고 싶었지만 가격 부담이 있어서, 결국 갈바(갈바륨Galvalume)를 이용했습니다. 갈바란 아연과 알루미늄 합금으로 녹을 방지해 오래 쓸 수 있고, 가격도 저렴합니다. 하지만 연질이라 충격에 약한 단점이 있

어요.

갈바 조립공사 시, 간판 조명을 설치하기 위해 전선을 미리 외부로 빼는 작업도 꼼꼼히 챙겨야 합니다. 이때 비와 직사광선을 피할 수 있는 얄궂은 처마도 만들어 주었죠. 처음에는 묵직한 파사드를 생각했는데 완성된 걸 보니 생각보다 귀여운 구석도 있고, 금속의 느낌이 주변과 잘 어울린 것 같았습니다. 가장 걱정거리였던 파사드까지 마무리 되면서 4일에 걸친 내부 골조 및 외부 골조가 완성되었어요. 이 시기에는 간판과 내부 디자인을 확정하고 발주를 넣었는데 단기간에 작업을 하다 보니, 여러 가지 일들을 챙기느라 매우 바빴습니다. 건물을 확정하고 계약하면 장사하기 전까지는 매출이 나지 않기 때문에 마음만 급해지게 마련인데, 여러 작업 들이 한꺼번에 돌아갈 수 있도록 사전 계획과 업체별 관리, 발주 기간에 대한 점검 이 필요합니다.

칠

다음날은 하루를 배당하여 내부와 외부에 칠 작업을 시작했습니다. 벽체 마감 방법에는 목공 마감, 타일 마감, 칠 마감, 벽지 마감이 있는데 비용 대비 효과를 높이기 위해 칠 마감으로 결정했습니다. 먼저 외부의 갈바를 폴딩 도어와 같은 컬러인 무광 블랙으로 깔끔하게 마무리하여 주변 컬러들과의 대비를 주었고, 내

부는 밝고 확장된 공간의 느낌을 주기 위해 화이트 도장을 선택했어요. 벽면은 뿜칠(Spray Coating)로, 천장은 롤러 작업을 진행했는데, 기존 미용실을 운영했을 때 사용했던 벽지들이 일부 뜯기지 않고 남아 있어 깔끔한 마감이 어려웠습니다. 고민 끝에 감추기보다는 이를 더욱 러프하게 표현하기로 했어요. 롤러 작업은 이런 작업에 효과적입니다.

전면에서 보이는 벽은 외부 컬러와의 매치를 고려하여 블랙으로 마무리했습니다. 그 위에 흰색 메뉴 타이포그래픽을 상상해 보았는데, 잘 어울리겠다 싶어서 타이포 시안을 인쇄소에 발주 넣었어요. 종종 작업자 분들께 간식거리를 사드리고 재료가 부족해지면 날라드려야 하는 심부름꾼이 되기도 하지만, 완성되어 가는 모습을 보면 힘든 것도 모른 채 심장이 뛰게 됩니다.

타일 작업과 기기 설치

타일 작업은 안주방과 오픈바 하단에 적용하기 위해 3가지 종류의 타일만을 사용했습니다. 안주방 벽면에는 400×600mm 유광 화이트 타일, 바닥에는 450×450mm 무광 논슬립 타일을, 오픈바에는 300×300mm 유광 모자이크 타일을 적용했습니다. 타일 작업은 숙련공이 필요하기 때문에 끝까지 챙겨서 완성도를 체크해 주는 것이 포인트입니다. 타일이 삐뚤어지게 마감돼 버리면 평생토록 원망

받는 일이 발생할 수 있겠죠.

타일이 완료되자마자 튀김기, 토핑 테이블 냉장고, 업소용 렌지, 싱크볼, 쇼케이스 냉장고 등 주방기기가 한꺼번에 들어와서 공간이 너무 부족했어요. 창업할 때, 예산이 부족하다면 중고를 추천합니다. 안타까운 일지만, 요즘에는 1년도 안 돼서 폐업하는 가게가 많아서 그런지 이런 기계들을 반값에 구매할 수 있거든요. 발품을 팔면 가게에서 상태를 보고 결정할 수 있어서 불량 리스크를 최소화 할 수 있습니다.

제작 가구와 조명

6일째 되던 날, 화룡점정을 찍을 오픈바에 적용할 집성목(원목을 이어 붙인 것)이 배송되었습니다. 옹이가 없는, 상태 좋은 표면만을 골라서 45㎜두께의 집성목을 그대로 사용했어요. 원목은 외부 환경에 따라 수축과 팽창, 휨과 같은 자연적인 특징을 갖게 됩니다. 무엇보다 천연의 무늬가 아름답기 때문에 고급스러운 연출이 가능하죠. 참고로 무늬목은 MDF에 얇게 켠 원목을 붙인 것으로 좀더 실용성 있게 사용되는 소재입니다. 4개의 테이블에도 오픈바와 같은 원목을 적용하여 가게 분위기에 통일감을 줬습니다.

맞춤 가구를 제작할 때, 테이블을 의뢰하면 대부분 한 공장에서 만들지 않고, 자

체적으로도 외주를 줍니다. 따라서 좀더 저렴한 가격으로 가구를 만들고자 한다면, 각기 다른 도면을 금속 공장과 목재상에 연락하여 따로 조립하는 것이 좋습니다. 하지만 자체적으로 도면을 만들어 업체마다 꼼꼼히 설명해 주고 체크하는 일이 쉽지는 않아요. 컴퓨터 툴을 다루기 힘들거나, 시간이 없다면 한 업체에 맡기는 것을 추천합니다.

목공 작업에서 만든 간접조명 외에는 모두 펜던트 조명을 사용했습니다. 을지로 조명상가에 가서 디자인을 확인하고 몇 가지 제품을 선정했어요. 조명을 구매하기 위해서는 두 가지를 나눠서 선택해야 하는데, 첫 번째가 조명갓의 디자인이고 두 번째는 전구의 전압과 조명 컬러입니다. 이에 따라 가격이 달라지고, 연결 방식에 따라 레일 방식과 직류 방식으로 나뉘기 때문에 잘 확인하고 구매해야겠죠. 레일 방식은 조명의 위치 변경이 가능하고, 온/오프가 일괄 적용되어 손쉬운 조작이 가능하다는 장점이 있습니다.

조명을 설치하기 위해서는 3가지 단계로 진행해 볼 필요가 있습니다. 첫 번째는 디자인 및 조도를 결정하는 부분인데, 전체 분위기에 맞는 조명의 디자인을 고르고, 이에 따른 조도를 선택하면 됩니다. 현장에 사용한 조명은 하부 간접조명이 40w, 팬던트 조명이 25w, 포인트 조명이 15w입니다. 조도 설정은 매장의 분위기를 결정짓는 중요한 요소이기에 신중하게 결정해야 합니다.

두 번째 단계는 조명 단가를 확인해야 합니다. 이왕이면 을지로에 나가 대림

상가, 세운상가 근처에 있는 조명가게에서 제품을 직접 보고 고르는 것이 현명한 방법이에요. 물론 직수입 조명을 구하려면 논현동, 학동역으로 가면 되지만, 을지로 조명상가가 가격 대비 효과가 좋거든요. 좀더 차별화된 디자인을 원한다면 제작 기간은 늘어나겠지만, 을지로에서도 일부 컬러나 소재를 변경할 수 있습니다.

세 번째는 설치 단계입니다. 조명을 설치할 때, 인부를 부르면 5만 원가량 설치비가 발생해요. 이러한 비용도 줄일 수 있으면 좋겠죠. 공사 기간 중, 마지막에 전기 기사님이 방문하는 틈을 타서 음료수를 드리면서 부탁드리면 기분 좋게 해주실 것입니다.

기성 가구와 선반

기본적으로 가구는 주거용 가구와 상업용 가구로 나눠지는데, 주거용 가구는 디자인이나 컬러, 종류가 많지 않지만 상업용 가구는 훨씬 다양한 형태의 의자나 테이블을 볼 수 있어요. 가구를 구입할 때는 논현동이나 이태원, 을지로 가구거리를 이용하시면 됩니다. 특히 을지로에는 이미테이션 제품이 많지만 상대적으로 가격이 매우 저렴하기 때문에 비용을 줄일 수 있어요.

테이블은 맞춤 제작을 했기 때문에 의자만 기성품을 이용하기로 했습니다. 을지

로 4가역에 있는 'dio'라는 상업용 의자 업체에서 주문했어요. 의자를 제작하려면 비용도 더 들고, 이미 기존 시장에 다양한 제품이 있기 때문에 기성품을 활용하는 것을 적극 추천합니다. 잔금은 제품 도착시 하자를 확인하고 입금하면 됩니다.

　인테리어를 하면서 선반을 만들었던 이유는 공간에 색다른 양념을 더하고 싶었기 때문입니다. 화이트 벽면만으로는 뭔가 허전한 느낌이 들었죠. 전면에는 벽선반 기성품을 금속으로 감싸서 제작했고, 입구 위에는 스틸을 접어 공중에 띄운 듯한 느낌을 줬어요. 이런 선반을 디스플레이나 수납 공간으로 활용할 수 있도록 마련했습니다. 하지만 소품까지는 직접 관여를 안 하다 보니, 나중에는 사장의 무센스로 인해 어색한 제품들이 자리를 차지하는 치명적인 결과로 나타났어요. 어느 날 퇴근해서 보니 토끼 두 마리가 사이좋게 선반 위에 앉아 있었죠. 친구야!

간판과 타이포그래픽 작업

시공의 맨 마지막 순서인 타이포그래픽 작업은 사실 한 달 전부터 시안을 갖고 친구와 상의해온 결과입니다. '가네미 초밥'이라는 이름을 한자로 표현하고, 폰트를 스시집의 전통적인 느낌을 주기 위해 궁서체로 선택했어요. 모던하고 내추럴한 공간에 어울릴까 하는 걱정도 있었지만, 계속 보다 보니 가독성도 좋고 무난하게 공간에 스며드는 것 같았습니다. 벽면에 붙인 타이포물은 '일러스트레이

터'라는 프로그램을 이용하여 작업했습니다. 주로 그림이나 문양을 도안하고 제작할 때 사용하는 2D 프로그램이죠. 평소 디자인에 관심이 있으신 분들은 들어보셨을 거예요. 사용법이 간단해서 인터넷에 있는 동영상만 참고해도 쉽게 학습할 수 있습니다. 타이포그래픽 작업 후, 인쇄소에 맡기면 NC커팅한 접착 시트를 제작해 줍니다. 글씨를 떼어내 붙일 수 있게 테두리만 커팅해 주는 거죠. 이것을 벽면에 직접 붙였습니다. 이래야 인건비를 아낄 수 있거든요. 타이포물은 별다른 조명 없이 냉장고 불빛만으로 보여질 수 있도록 위치를 조정하면서 작업했습니다.

외부에는 크게 두 가지 조명이 들어가는데 글자 조명과 박스 조명입니다. 조명 컬러는 파사드와 대비될 수 있도록 화이트 톤으로 제작했어요. 박스 조명은 2면을 활용하여 옆면에 초밥 이미지를, 전면에 로고를 넣었습니다. 작은 간판임에도, 주택가 골목길이라 밤이면 유독 어두워서 그런지 멀리서도 눈에 띄더군요.

마무리

인테리어를 직영으로 한다는 것이 쉬운 일은 아니에요. 디자인을 전공했지만 저 또한 처음 진행해 본 일이기 때문에 하나에서 열까지 전부 공부하고 준비해야 했습니다. 막상 시작하려 해도 단계별 시공 방법을 모르기 때문에 어디서부

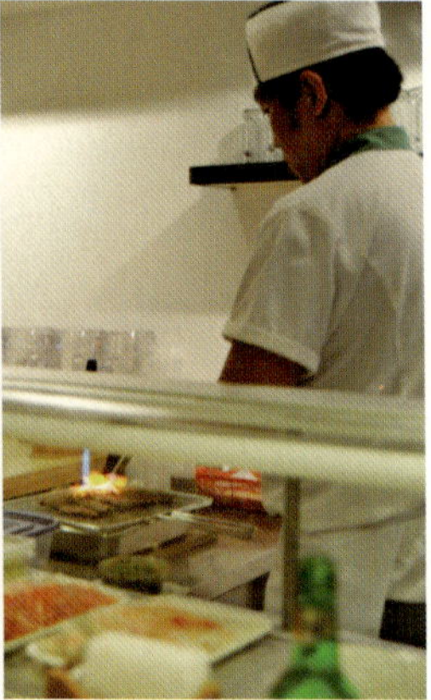

터 준비해야 하는지도 몰랐죠. 우선 대략적인 흐름을 이해하는 것이 중요합니다. 규모가 작아 공정을 매우 간소화시킨 현장이었지만 다른 인테리어 현장도 시공 과정은 비슷합니다. 머릿속에 하나하나 과정을 그려보고 순서를 계획한 다음, 해당 업체에 의뢰하면 되는 거죠. 각 과정에 대해 알아보고 총괄한다는 것이 익숙지 않기 때문에 쉬운 일은 아니지만, 저렴한 비용으로 자신만의 인테리어를 꿈꾸시는 분들이라면 용기를 내어 욕심을 부려 봐도 좋을 것 같아요.

최근 동네 앞에 새롭게 오픈한 카페를 방문했는데, 분위기도 좋고 소품 하나하나 신경 쓴 흔적이 보이더군요. 알고 보니 바리스타 사장님이 직접 디자인한 공간이었어요. 디자인 전공자가 아닌 커피만을 배우신 분이었는데, 평소 인테리어에 관심이 많아 혼자서 오랫동안 공부한 끝에 직영으로 인테리어를 하셨더라고요. 마치 전문가 같은 솜씨에 깜짝 놀랐습니다. 이 분을 보면서 관심과 노력을 들이면 누구나 인테리어를 할 수 있다고 생각했어요. '공간 설계'가 더 이상 전문가만의 성역이 아니라는 것을 깨달았습니다. 어디를 가든지 공간을 자세히 관찰하는 습관을 갖다 보면, 보는 눈이 생기면서 디자인 감각을 익힐 수 있어요. 그 다음부터는 얼마나 더 관심을 갖느냐에 따라 배움의 크기가 달라지겠죠. 프로복서 출신의 세계적인 건축가 '안도 다다오'를 보더라도 학력이나 학벌이 중요한 게 아니라, 스스로 얼마나 노력하느냐가 중요하다는 걸 알 수 있습니다.

金味
sushi Kanemi | 가네미초밥

사물을 바꾸면 삶이 바뀐다

"나는 예술이라는 말을 그림이나 조각 혹은 건축물만 의미한다고 여기지 않는다. 나에게 예술이란 훨씬 많은 것들을 포함한다. 그것은 인간의 정신과 육체의 노동에 의해 생겨나는 아름다움이며 인간이 대지 위에서 그 환경 전체와 더불어 생활 속에서 얻는 감흥의 표현이다. 바꾸어 말하면 삶의 기쁨이 내가 말하는 예술이다." - **윌리엄 모리스**

주위를 한번 둘러보세요. 다양한 사물들이 우리 주변을 가득 채우고 있습니다. 그것은 누군가에게 받은 선물일 수도 있고, 여행하다 우연히 발견한 기념품일 수도 있죠. 그중에는 특별히 애착이 가는 물건도 있을 거예요. 반면 너무나도 익숙해져 언제부터 있었는지 알 수조차 없는 것도 있겠죠? 이처럼 사물에는 나만의 다양한 이야기가 담겨 있습니다. 떨어뜨린 휴대전화에 생긴 상처 자국에도, 운동화에 묻은 흙먼지에도, 커피를 엎질러 생긴 얼룩에도 지나온 추억이 담겨 있습니다. 자신이 가지고 있는 물건만으로도 자신이 어떠한 삶을 살아왔는지 스스로를 이해하는 데 도움이 됩니다.

살아가면서 점차 더 많은 사물들이 내 주위를 채우고 버려지더군요. 성인이 되면서 경제적인 여유가 생기고부터는, 풍요로워지면서 점점 더 많은 물건을 갖게 되었습니다. 하지만 애착을 갖는 물건은 오히려 줄어들었죠. 어느 순간부터 내가 정말 원해서 사는 것보다 그냥 남들도 있으니까, 뭔가 폼 나고 자랑할 만하니까 나도 가져야겠다는 생각이 더 커져 버렸습니다. 남들보다 고급스럽고 비싼 브랜드를 갖지 못하면 불안했습니다. 나만의 가치가 아니라 유행에 따라 쉽게 사고 쉽게 버리는 생활을 반복하고 있었죠. 뭔가 주객이 전도되고, 제 자신이 수동적으로 변한 느낌이었습니다. 그렇게 나의 이야기가 아닌 남의 이야기가 점차 내 주위를 점령해 가고 있었습니다.

이상한 점은 이러한 불안감이 삶을 대하는 태도에도 그대로 나타났다는 점이에요. 어릴 때는 이루고 싶은 꿈이 많았는데, 시간이 지나면서 획일적으로 변해버렸어요. 모두가 꿈꾸는 번듯한 직장에 다니고, 멋진 외제차를 몰면서 넓은 아파트에 사는 것이 어느새 삶의 목표가 되어 있었죠. 그렇지 못한 지금의 모습을 불행한 것이라 여기며 상실감과 자괴감을 느껴야 했어요. 언제 올지 모르는 행복을 위해 당장의 희생은 당연히 감수해야 하는 것이라 스스로를 다그쳤어요. 도전이라는 말은 더 높은 토익 점수를 얻기 위해서, 좀더 좋은 스펙을 쌓기 위해서 쓰였어요. 남들보다 뒤처지면 안 된다는 불안감에 실패를 두려워하게 되었습니다. 내 주위의 물건들은 점차 볼품없어 보였고, 애착을 갖기 힘들어졌어요. 언젠가 큰돈을 벌어서 더 멋지고 비싼 물건들로 채울 거라는 욕망만 커져 갔죠. 한 발 한 발 굳건히 삶의 걸음을 옮겨 꿈을 이루기보다는 지금 당장 로또를 긁어서 당첨되길 바라는 허망한 꿈만 꿨습니다.

어릴 때 밤새워 가며 조립했던 장난감 자동차를 대하던 순수한 열정이 사라졌습니다. 친구들과 함께 놀이터에서 두꺼비집을 지으며 놀았던 즐거움도 말이죠. 다른 아이의 차보다 느려도 좋았고, 흙집 모양이 예쁘지 않아도 좋았어요. 그 사물과의 관계를 즐길 줄 알았습니다. 무엇보다 실패를 두려워하지도 않았어요. 실수로 차를 망가뜨리면 몇 번이고 다시 고쳤고, 흙집은 무너지면 언제든 다시 지었으니까요. 오히려 커 가면서 겁이 더 많아진 것 같습니다. 스스로에게 가치를 부여하던 주체성도 상실해 버렸죠.

이러한 모습을 조금씩 바꾸고 싶었어요. 어쩌면 매우 귀찮고 불필요한 일이라는 생각도 가끔 고개를 들었지만, 내 주위에 있는 사물과의 관계부터 서서히 회복시키기로 결심했습니다. 이제는 남의 이야기가 아닌 나의 이야기를 채우고 싶었습니다. 유행이 아닌 보다 의미 있는 소비로 새로운 물건을 받아들이고, 철 지나 방치된 물건에는 새로운 생명을 불어넣어 줄 아이디어를 생각했어요. 망가진 물건은 고쳐서 다시 사용하고, 버려야 하는 물건은 그 안의 부품을 빼서 다른 곳에 재활용할 수 있는지 고민했습니다. 그러다 다시 새로운 하비디자인 프로젝트를 시작하며 주위에서 흔히 볼 수 있는 사물들부터 직접 만들어 보기 시작했습니다. 제품이 탄생하는 모든 과정을 손으로 만지고 느끼면서 소통하다 보니 사물에 더 큰 애착이 생겼어요. 직접 만든 물건들이 조금 투박하고 보잘것없어 보여도, 거기에는 함께 했던 시간과 이야기가 있기 때문에 단순한 제품으로 보이질 않았습니다. 너무 멋이 없어서 버리려 하다가도 추억을 간직한 사진 같아서 함부로 대하기가 힘들더군요.

독자 여러분들도 지금까지 소개한 작업을 보고, 무엇인가 마음속 꿈틀거림을 느끼셨다면, 한번 도전해 보세요. 개인마다 취향이 다르기 때문에 공작에 아예 관심이 없을 수도 있어요. 다른 일을 통해 이미 성취감을 느끼고 계시다면 그걸로 좋습니다. 하지만 단순히 손재주가 없다고 포기하지는 마세요. 분명 마음대로 안 되고, 수많은 실수를 반복하게 될 것입니다. 잘 안 되면 포기하고 싶고, 화가 날 거예요. 왜 이걸 만들고 있을까. 더 좋은 물건도 많은데 그냥 사면 되지 않을까? 만드는 과정 중에 수만 가지 생각이 머릿속에 떠오를 것입니다. 하지만 이를 이겨내고 완성시켰을 때, 느껴지는 희열과 성취감은 말로 표현할 수가 없습니다. 무엇인가 만들어낸다는 것에서 삶의 보람을 느낄 수 있어요. 또한 그 과정에서 끊임없이 자신과 대화하는 모습을 보게 될 것입니다. 어떻게 만들지 스스로 연구하고 고민하면서, 딱딱해진 사고를 보다 말랑말랑하게 만들 수 있어요.

만드는 즐거움을 통해 삶을 조금씩 변화시켜 보세요. 함께 즐기고 응용하여, 나만의 소품으로 발전시켜 보세요. 각자의 이야기가 담겨 있기에, 분명 다른 의미와 소중함이 생길 것이라 확신합니다. 조금 귀찮고 번거롭더라도, 한 번쯤은 내 삶을 둘러싼 물건들과 소통하는 즐거운 경험을 해보시길 바랍니다. 도전과 실패를 즐기는 멋진 취미가 될 것입니다.

팁

재료 구매하기

을지로 & 청계천 상가

을지로와 청계천 주변 일대에는 다양한 상가가 밀집되어 있습니다. DIY 자재를 구하기에 천국 같은 곳이죠. 처음 볼 때는 넓은 구역에 걸쳐 뒤죽박죽 상점이 늘어선 것처럼 보이지만, 판매하는 물품별로 구역화 되어 있는 것을 알 수 있어요. 조명은 세운상가를 중심으로 'I'에서 'J'구역까지 분포되어 있고, 기계공구는 청계천을 중심으로 'E', 'C', 'D'구역에서 구매할 수 있습니다. 지도에는 표시되어 있지 않지만, 을지로 4가역 9번 출구 쪽으로 나오면 가구거리가 이어져 있어요. 초밥집에 사용한 의자를 이곳에서 구매했죠. 대부분 디자인이 비슷한 카피 제품을 판매하기 때문에 여러 곳을 돌아보고 가격을 비교해 보세요. 벽지나 페인트 등 인테리어 자재는 'K'구역에 밀집되어 있습니다. 다양한 패턴의 벽지 디자인을 직접 눈으로 보고 확인할 수 있어요. 방산시장 중심으로는 포장에 관한 모든 것이 구비되어 있습니다. 박스나 비닐백, 쇼핑백 등 패키지를 주문 제작할 수 있으며, 기성 제품은 소량으로도 구매 가능합니다.

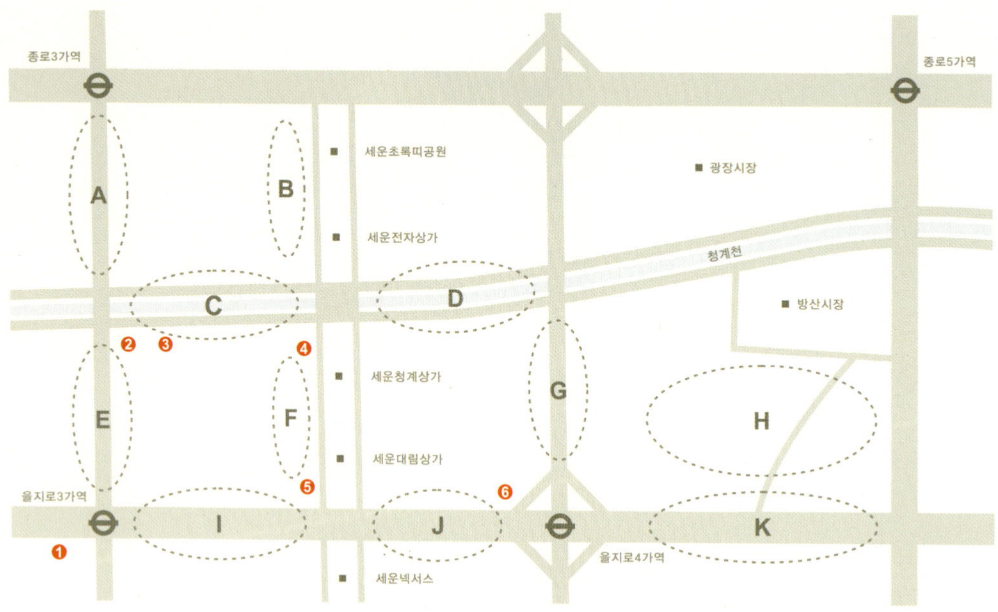

A : 아크릴, 포맥스, 간판, 과학도구, 화공약품

B : 조명, LED, 전기자재, 수공구, 볼트

C : 공구, 스프링, 자석, 고무벨트, LED, 전기자재

D : 안전용품, 공구, 펌프, 환풍기, LED, 전기자재

E : 전동공구, 기계공구, 수공구, 선반밀링

F : 조명, LED, 전기자재, 전업사, 볼트

G : 미싱, 수리, 안료, 아크릴, 비닐, 포장

H : 포장, 박스, 비닐백, 쇼핑백, 스폰지

I : 도기, 타일, 아크릴, 철물, 철망, 조명

J : 조명, LED, 알루미늄, 철물, 앵글, 안료

K : 벽지, 페인트, 화공약품, 안료, 목공예

1. **다보나라** : 서울특별시 중구 을지로3가 315-5 / 02-2263-5234

다보(장식볼트)에 관한 모든 것을 한눈에 볼 수 있는 가게. 유리잡이, 명함꽂이, 행거, 아크릴문패, 와이어 고정구, 배너, POP 등에 사용되는 다양한 종류와 크기의 다보가 구비되어 있습니다. 낱개로도 구매 가능합니다. 을지로3가역 10번 출구에 위치.

2. **평안상사** : 서울특별시 중구 입정동 204 / 02-2266-9285

수공구에서 전동공구까지 다양한 공구를 구매할 수 있는 곳입니다. 수준급 이상의 질 좋은 공구를 취급하기 때문에 여기저기 돌아다니기 귀찮은 분들께 추천. 품목에 따라 약간의 가격 차이는 있지만 정찰제라 바가지는 없습니다.

3. 대한자석 : 서울특별시 중구 입정동 133-2 / 02-2273-7333

자석에 관한 모든 것이 있는 가게. 사각, 원통, 구, 도넛 등 다양한 형태의 자석을 구매할 수 있습니다. 대량 구매 시 주문 제작도 가능합니다. 일반적인 자석과는 다르게 자성이 매우 강하기 때문에, 무심코 자석끼리 부착 시 파손될 수 있으므로 주의해야 합니다.

4. 경성전업 : 서울특별시 중구 산림동 230 / 02-2267-3949

전구, 소켓, 전선, 스위치, 콘센트, 케이블 등 각종 전기자재를 한꺼번에 구매할 수 있습니다. 만원도 안 되는 돈으로 조명을 만들어 볼 수 있는 곳이죠. 세운청계상가 옆길에는 이러한 전업사가 많은데, 이중 이곳이 작업실에서 가장 가까운 곳이라 자주 이용합니다.

5. 신명볼트 : 서울특별시 중구 산림동 152-2 / 02-2268-3856

간판 이름처럼 나사 전문점. 육각, 지지대, 무두, 렌치, 십자, 전산, 아이, 근각 등 각종 볼트와 너트가 구비되어 있습니다. 전자부품이나 각종 제작품에 사용되는 다양한 종류의 나사도 판매합니다.

6. 시대안료 : 서울특별시 중구 을지로4가 62 / 02-2267-8385

형광, 야광, 시멘트 조색, 금분, 은분, 동분, 반짝이, 홀로그램, 펄 등 각종 안료를 소량으로 구입하기에 좋은 곳입니다. 축광 효과가 매우 좋은 다양한 컬러의 고품질 야광 안료가 구비되어 있습니다. 을지로4가역 1번 출구에 위치.

온라인 쇼핑몰

주로 여기저기 돌아다니며, 직접 자재를 보고 한꺼번에 구입하는 편이지만, 시간이 없거나 오프라인으로 구하기 힘든 자재가 있을 때는 온라인 사이트를 이용합니다. 조금만 관심을 가지면 온라인으로도 디자인 레시피에 필요한 대부분의 재료를 구할 수 있습니다.

1. 아가미모델링 www.agamimodeling.co.kr

실리콘, 우레탄, 알지네이트, 시바툴, 탈포기, 조각공구 등 조형 재료를 판매합니다. 샘플 작업을 통해 재료의 특성에 대해 잘 이해할 수 있습니다. 피규어 제작같이 난이도 있는 취미 영역에 도전하시고자 한다면 한번쯤 둘러보세요.

2. 손잡이닷컴 www.sonjabee.com

손잡이, 문고리, 반제품가구, 철물, 파이프, 원단, 벽지, 페인트, 목재 등 DIY에 관한 모든 것을 다루는 쇼핑몰입니다. 다양한 목재를 직사각형 또는 원형으로 원하는 사이즈만큼 주문 절단이 가능합니다.

3. 알파문구 www.alpha.co.kr

사무용품, 생활편의용품, 전산, 필기구, 학용품, 미술, 화방, 모형용품 등 온갖 물건을 파는 만물상 같은 곳이죠. 다양한 물품을 한 곳에서 볼 수 있어서, 남대문에 있는 본점을 이용하면 좋겠지만, 거리가 멀다면 온라인을 이용해 보세요.

4. 하이전구 www.hijungu.com

LED, 형광등, 램프, 삼파장 전구, 할로겐, 논네온 등 전구에 관한 모든 제품을 판매합니다. 특히 다양한 LED 제품이 구비되어 있는데, LED바를 원하는 길이만큼 주문 제작할 수 있는 것이 가장 큰 장점입니다.

감사의 말

Hobby : 죽이 잘 맞는 친구들과 주말마다 아지트에 모여서 마음껏 웃고 떠들며 여러 가지 작업을 할 수 있어 좋았습니다. 그런데 예상치 못하게 많은 분들이 관심을 갖고 사랑해 주셔서 이제는 이렇게 책까지 쓰게 되었네요. 평소 책을 많이 읽는 편은 아니라 글쓰기에 대한 부담감이 무척 컸습니다. 책을 쓰고 싶다는 욕심은 있었지만, 막상 실행에 옮기자니 너무 많은 부분이 부족했어요. 저에게는 이것도 하나의 새로운 도전이었습니다. 결코 쉬운 일은 아니었지만 한 줄 한 줄 써내려 가며 지나온 시간에 대해 돌이켜 보는 계기가 되었고, 자신과 대화하는 시간을 갖게 되어 무척 즐거웠습니다.

이제는 무엇인가를 만든다는 행위가 취미를 넘어서서, 삶에 에너지를 불어넣어 주는 리추얼이 된 것 같아요. 마지막으로 이러한 기쁨을 함께 즐기며, 곁에서 힘이 되어준 친구들에게 무한한 감사의 마음을 전합니다.

Mark : 평일에는 바쁘다는 핑계로, 주말에는 하비디자인 작업을 핑계로 데이트 한번 못했지만, 항상 곁에서 응원해 주었던 아내가 있어 힘이 되었습니다. 성민아, 고맙고 사랑해!
Hobby : 아…….
Tuttle : 자르라고 해서 잘랐고, 붙이라고 해서 붙였습니다.
Hobby : 끝이야?
Tuttle : 응.

부록

디자인 레시피 도면 & 조립도

제작 시 궁금한 점은 무엇이든 물어보세요.
하비디자인 블로그(hankukilbo.blog.me) Q&A 코너에 댓글을 남겨 주시거나,
이메일(hankukilbo@naver.com)을 보내 주시면 성실히 답해드립니다.

시멘트 명함 홀더

본문 36페이지

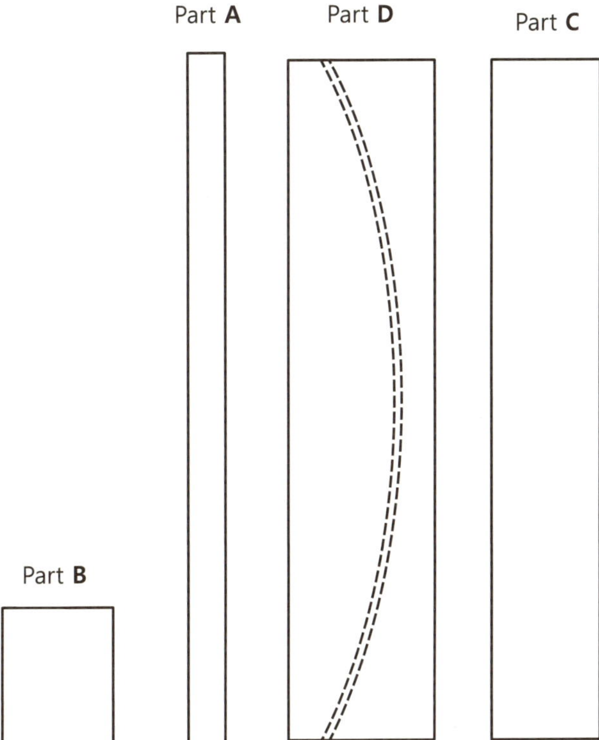

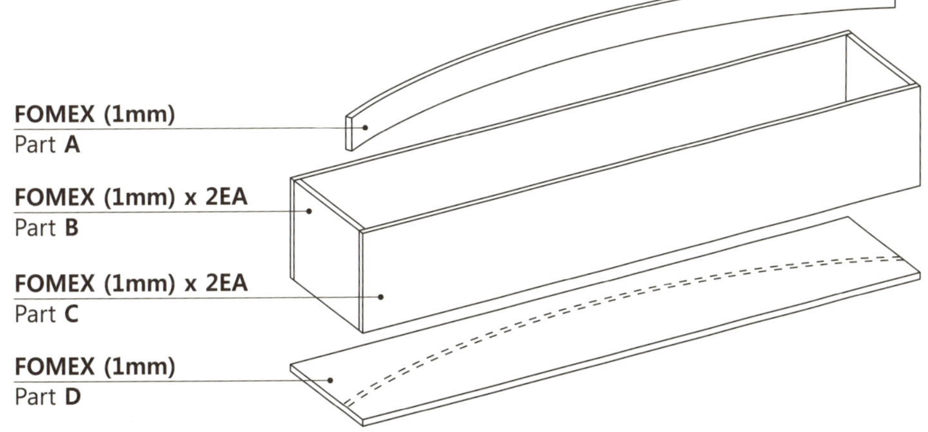

벽돌 연필꽂이

본문 42페이지

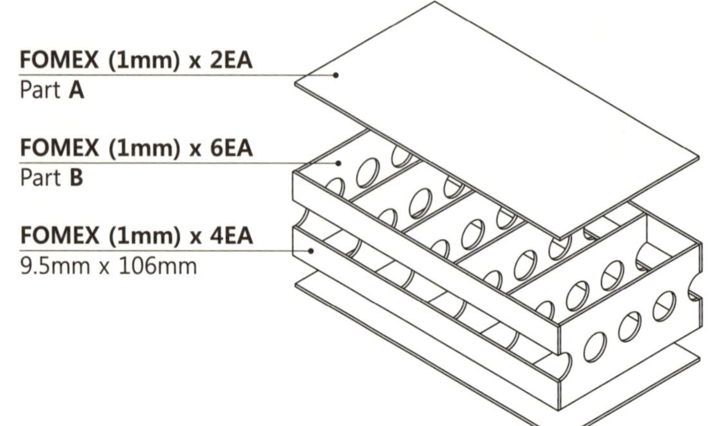

Part **B**

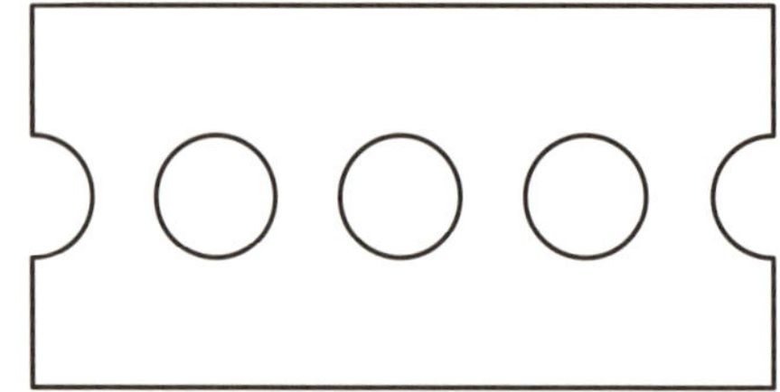

Part **A**

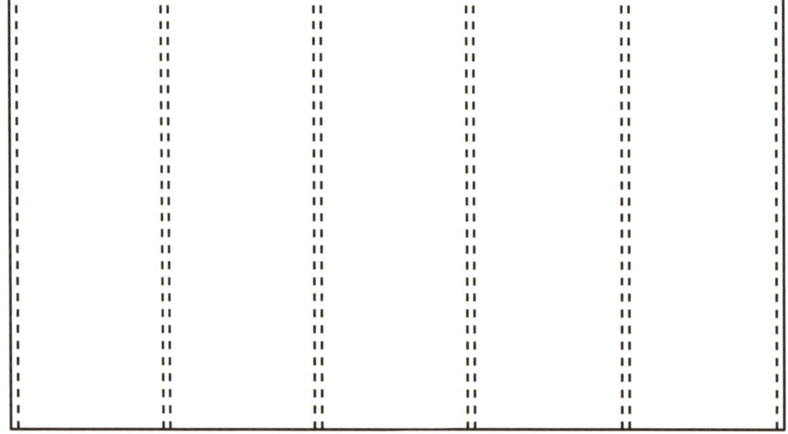

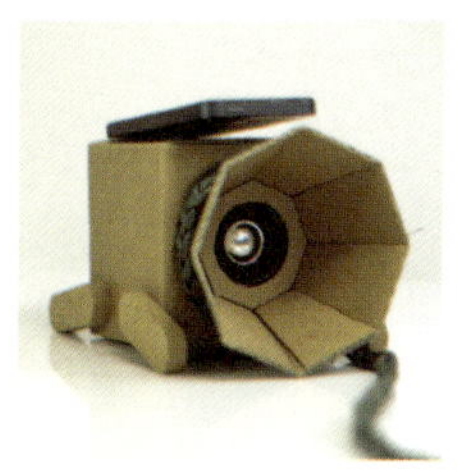

강아지 스피커

본문 48페이지

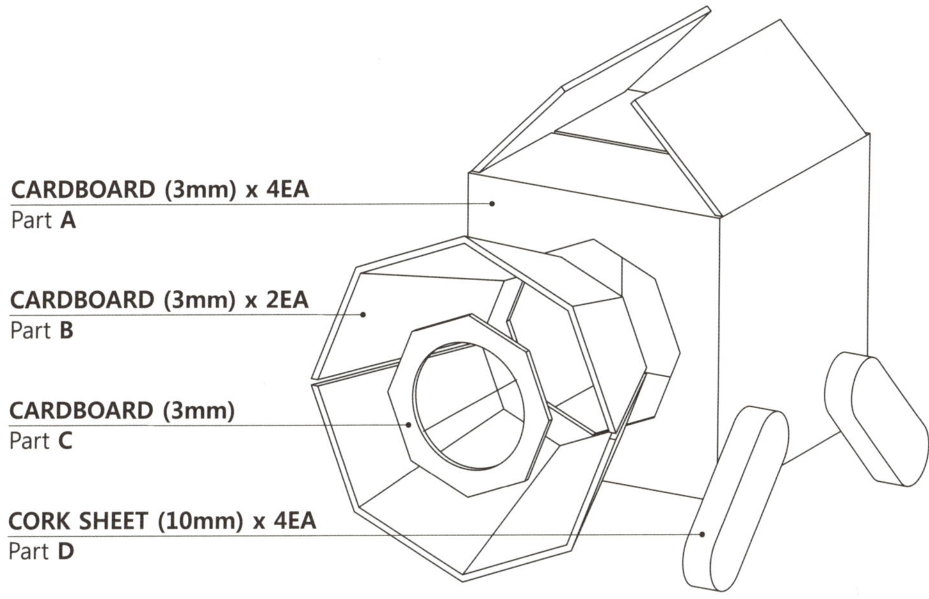

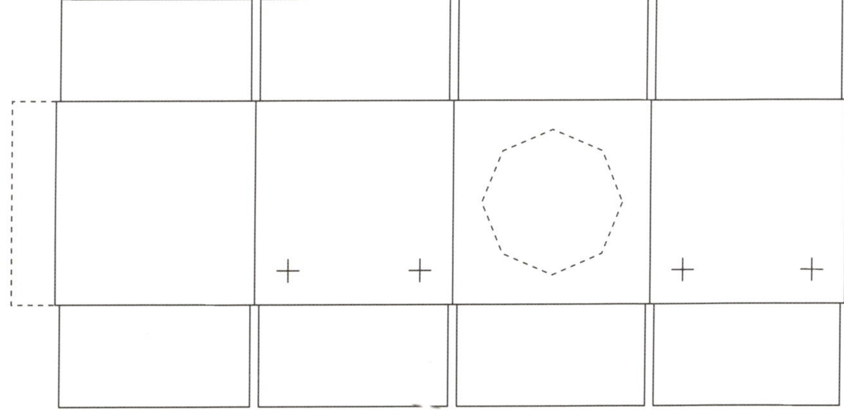

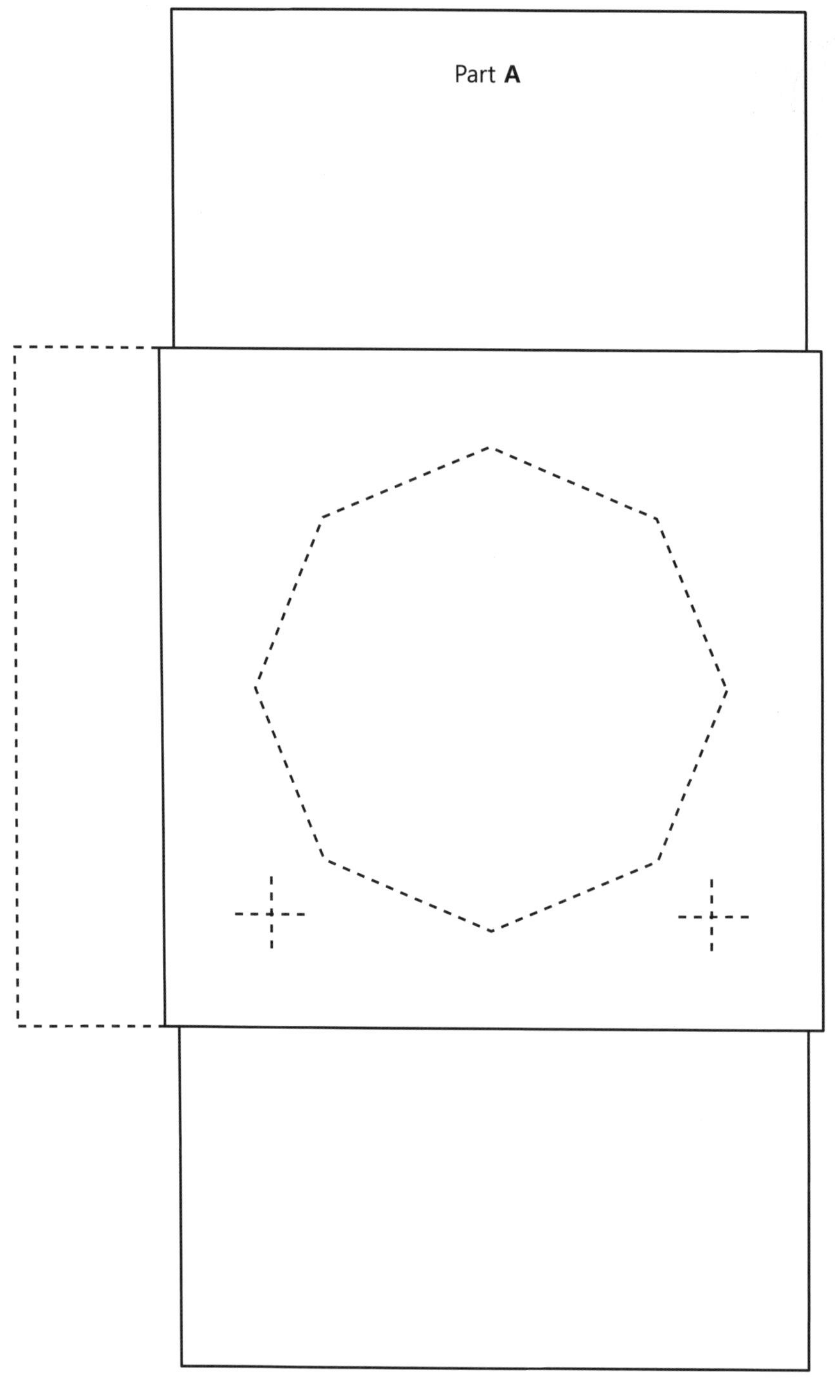

Part A

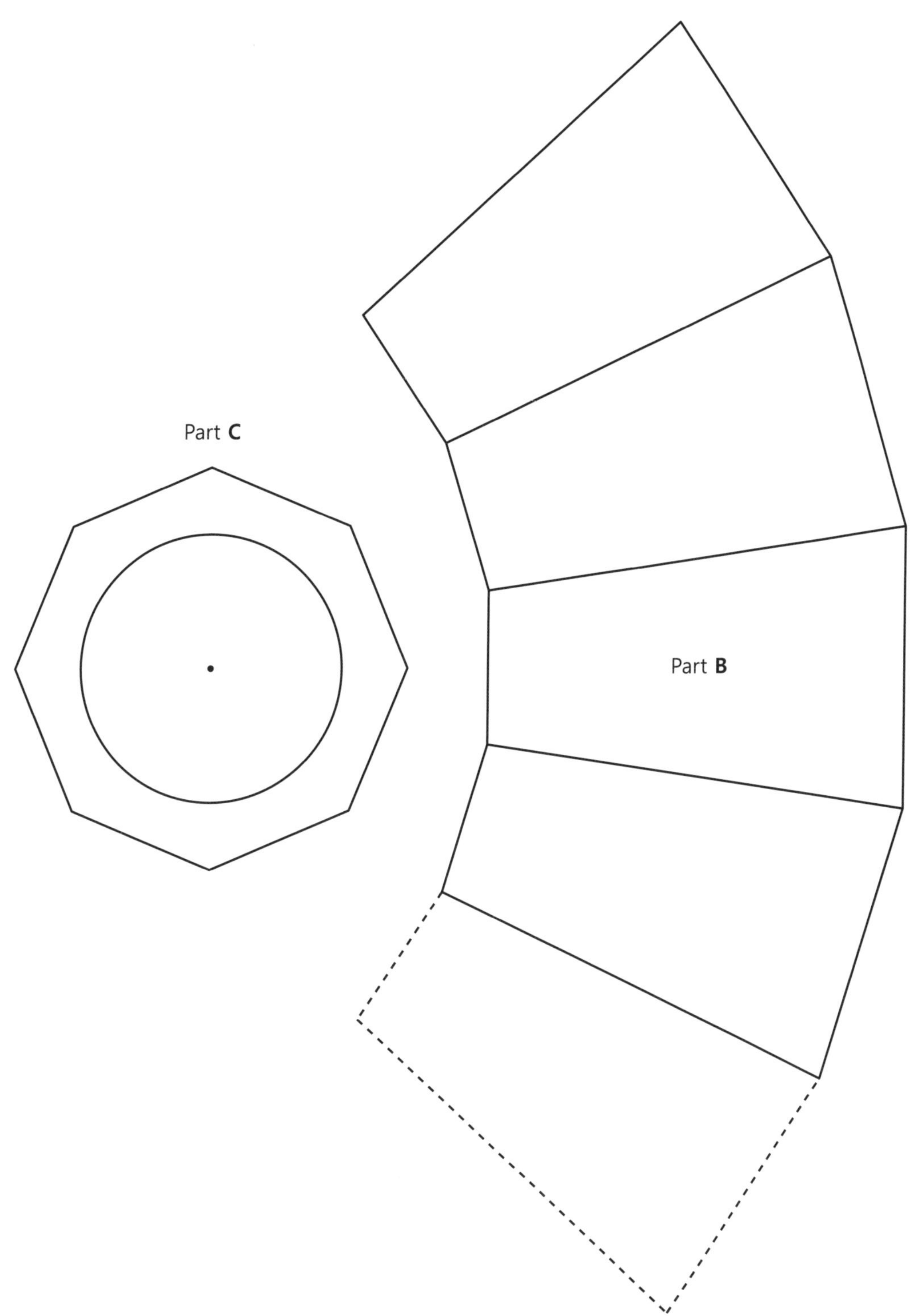

Part C
Part B

사운드 독

본문 54페이지

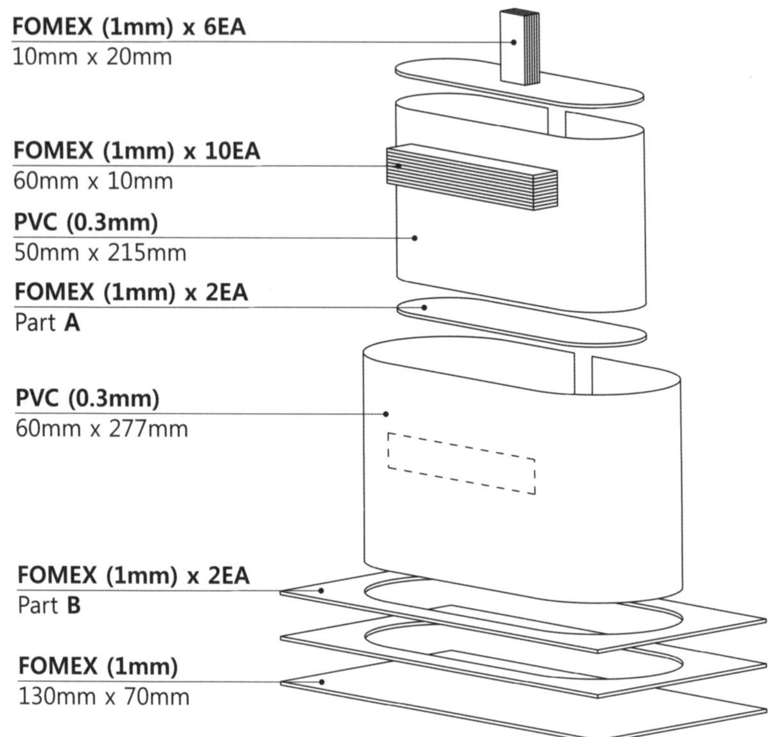

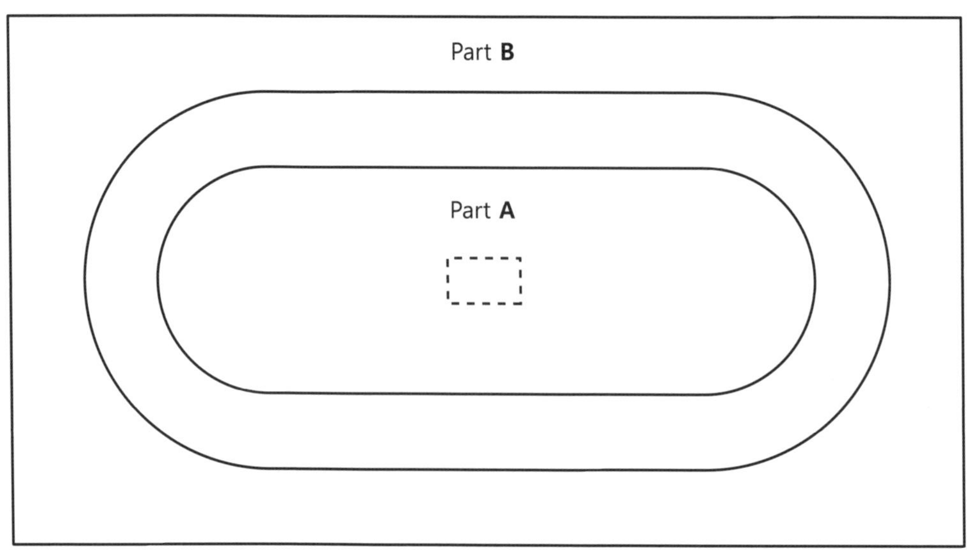

연탄 연필꽂이

본문 60페이지

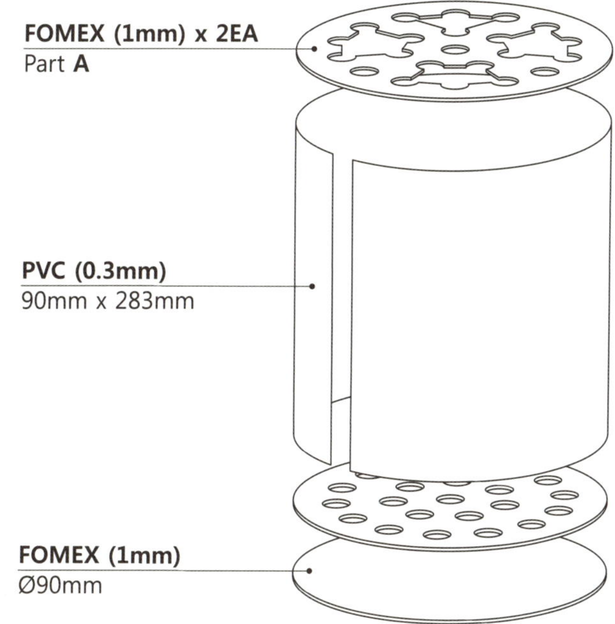

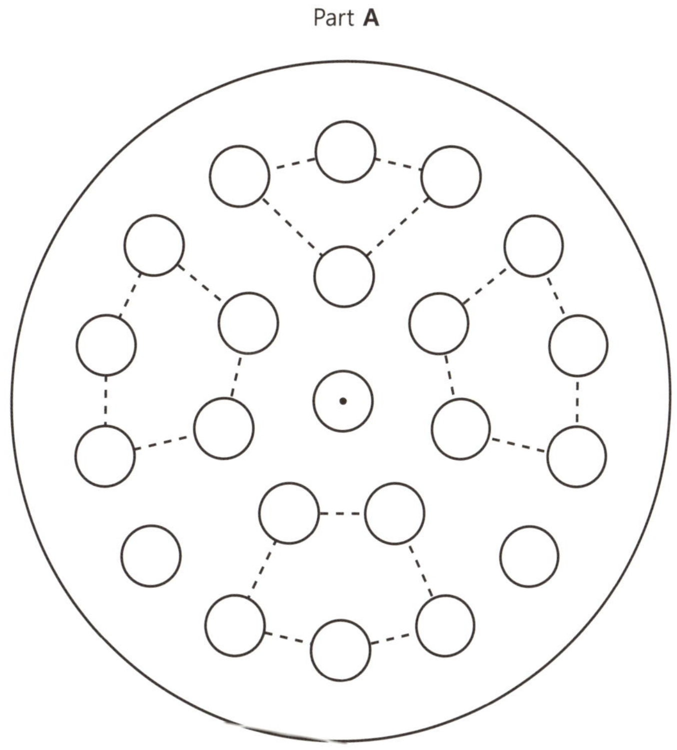

Part **A**

연필깎이 탱크

본문 66페이지

FOMEX (1mm)
Part A
FOMEX (1mm)
Part B
FOMEX (1mm)
Part C
PVC (0.3mm)
Part D
FOMEX (1mm)
Part E
PVC (0.3mm)
Part F
FOMEX (1mm)
Part G
PVC (0.3mm)
Part H
FOMEX (1mm)
Part I

Part B

FOMEX (1mm) x 2EA
Part J
PVC (0.3mm)
15mm x 180mm
FOMEX (1mm) x 2EA
Part K
FOMEX (1mm) x 2EA
Part L
PVC (0.3mm)
80mm x 220mm

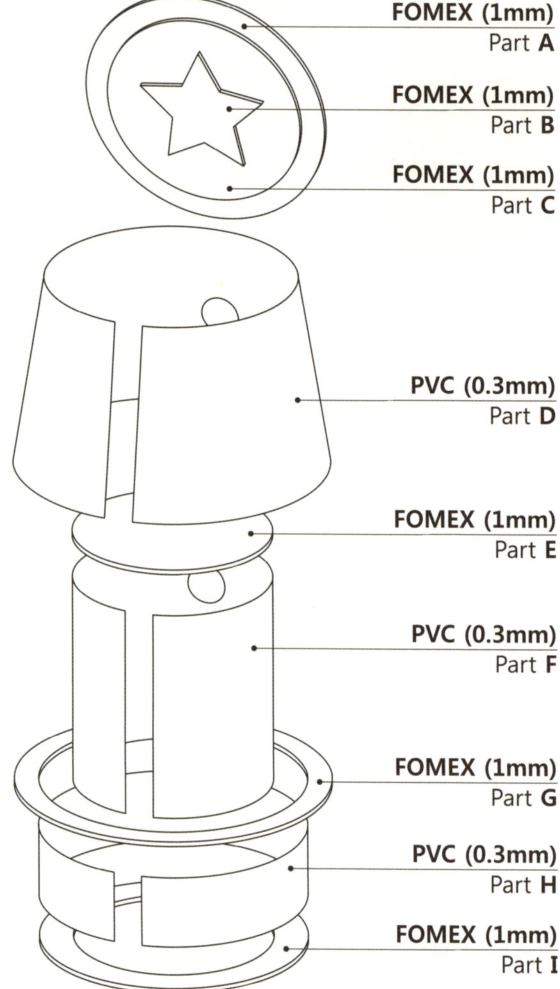

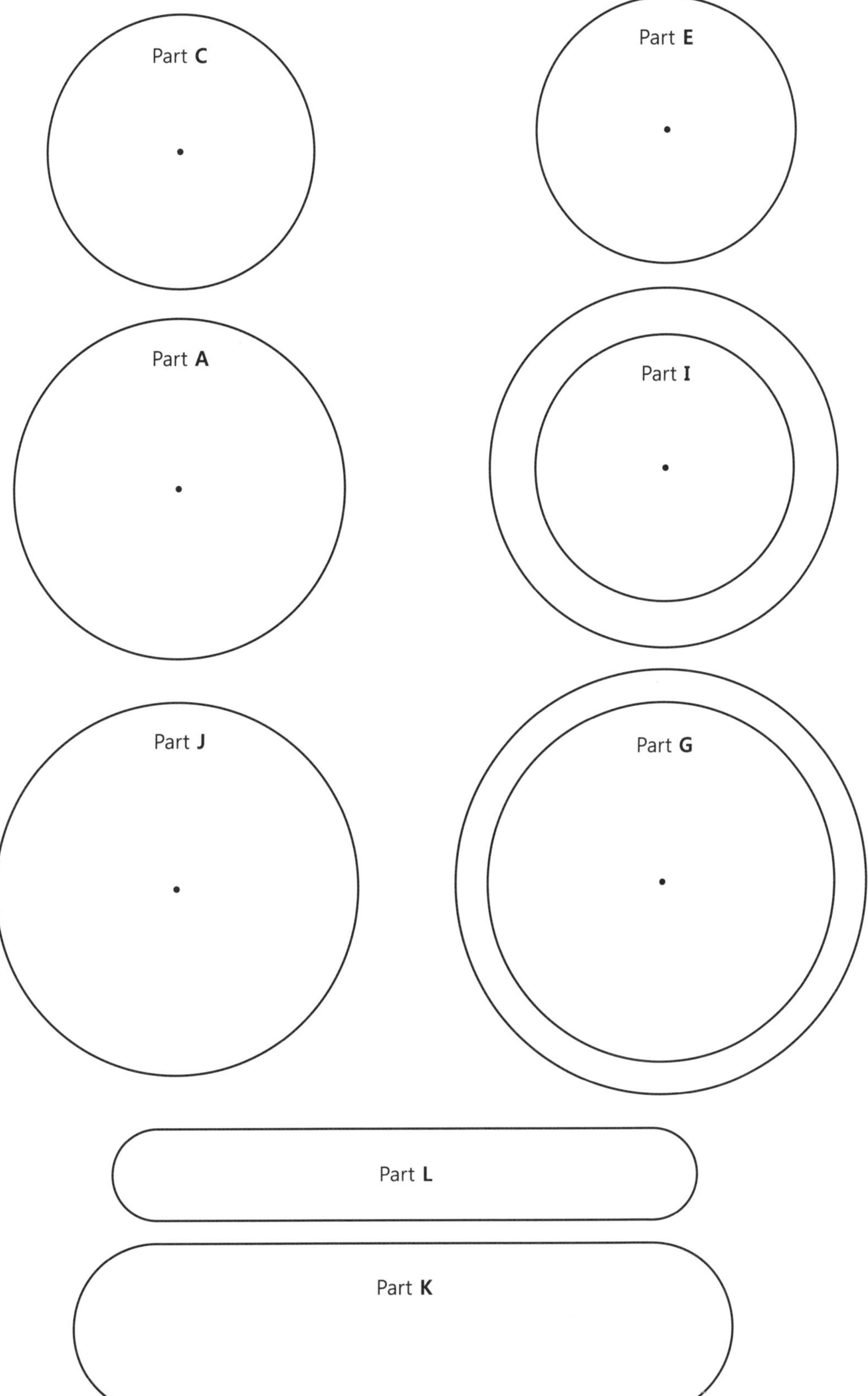

Part C
Part E
Part A
Part I
Part J
Part G
Part L
Part K

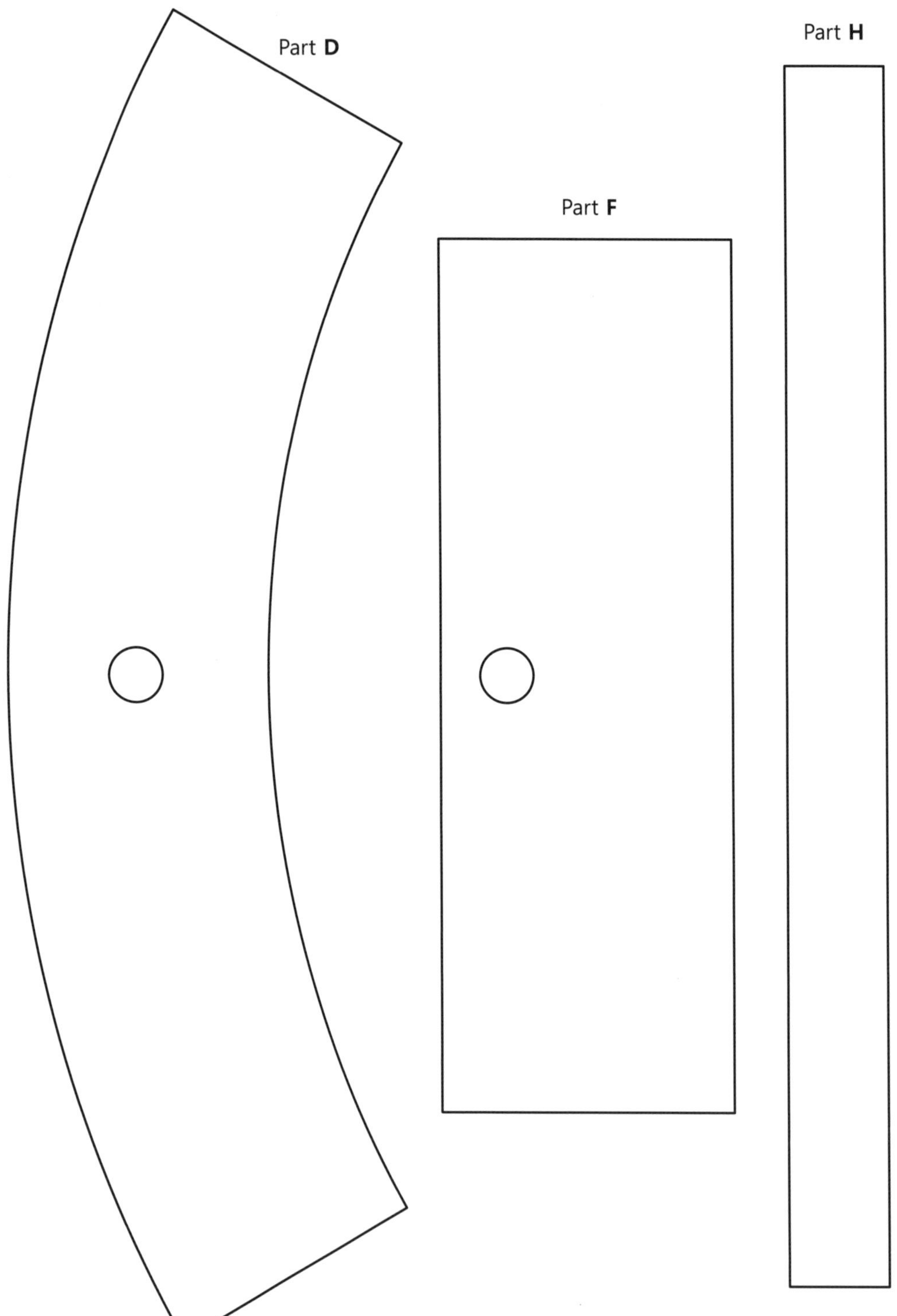

Part D
Part F
Part H

유리병 조명

본문 72페이지

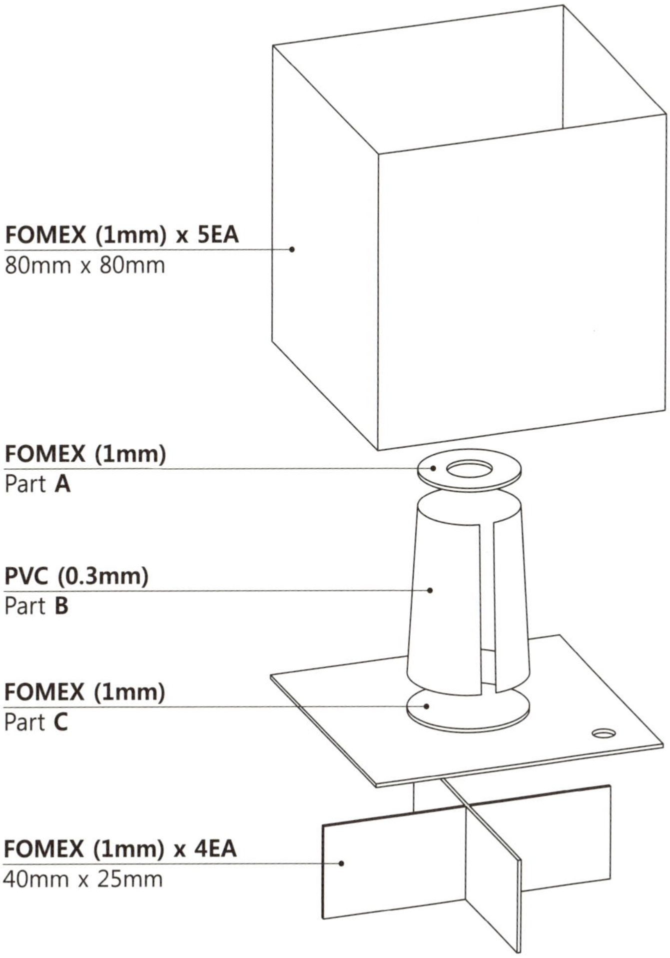

FOMEX (1mm) x 5EA
80mm x 80mm

FOMEX (1mm)
Part **A**

PVC (0.3mm)
Part **B**

FOMEX (1mm)
Part **C**

FOMEX (1mm) x 4EA
40mm x 25mm

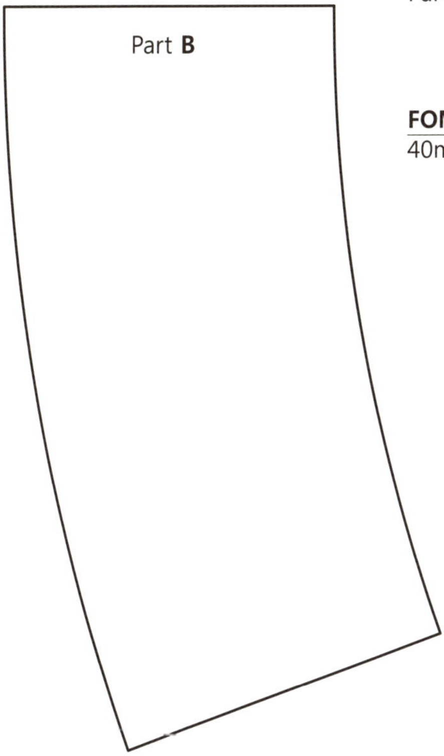

Part **B**

Part **A**

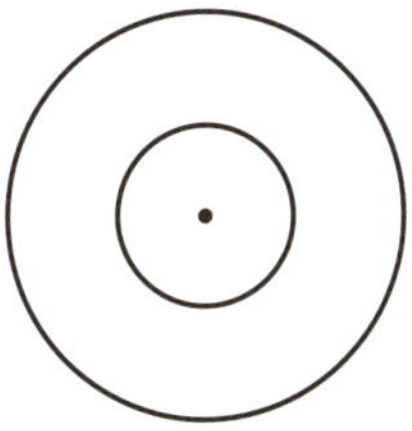

Part **C**

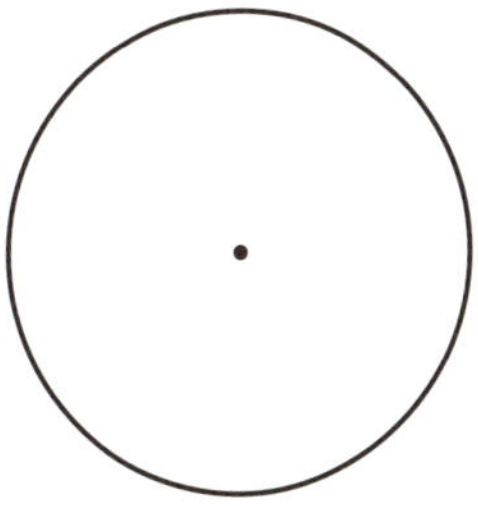

에펠탑 액자

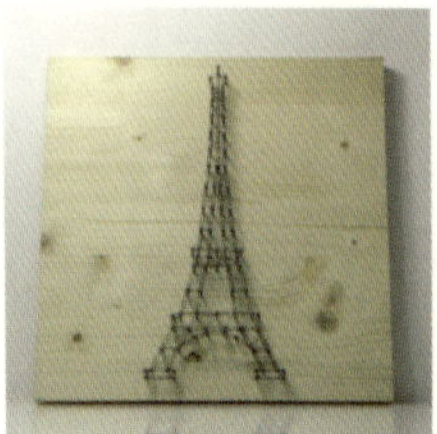

본문 94페이지

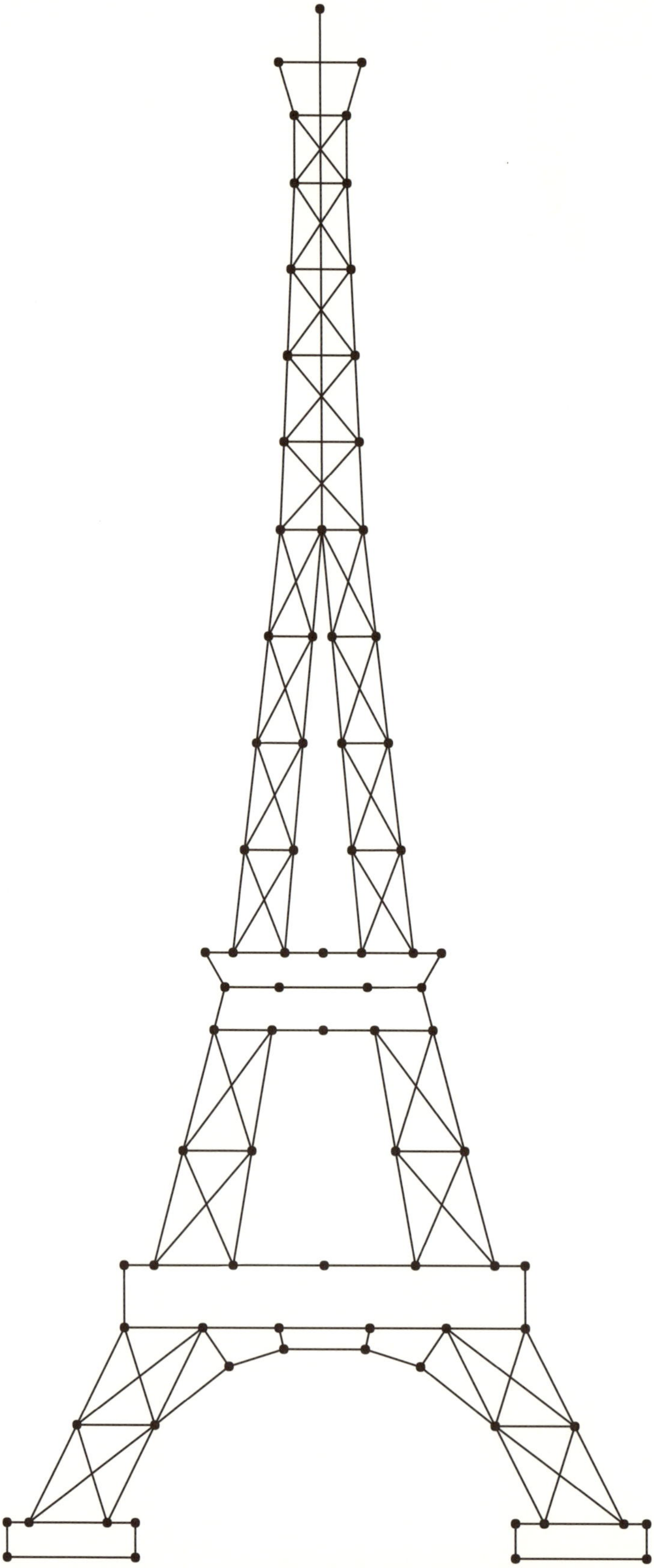

다보탑 액자

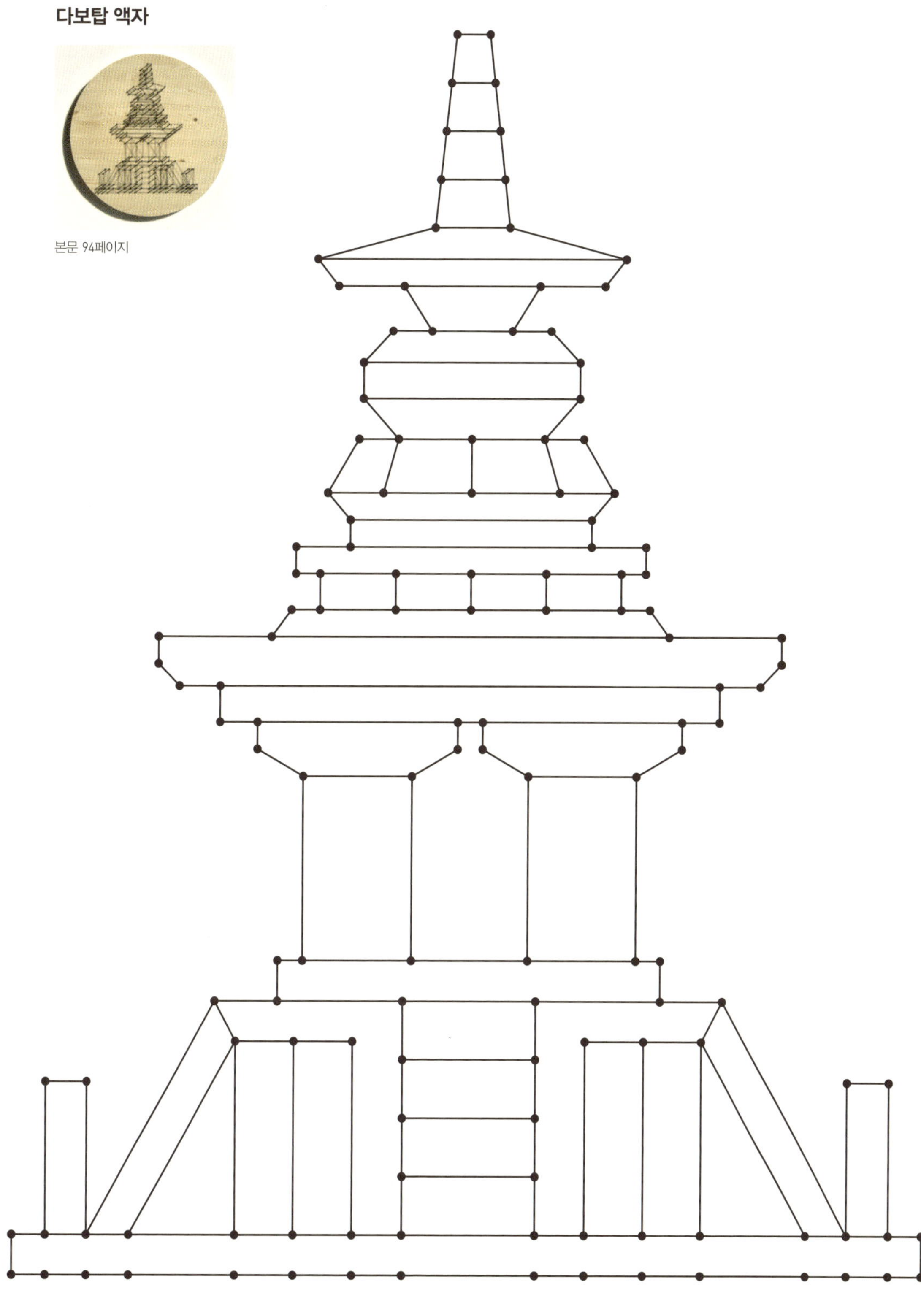
본문 94페이지
다보탑 액자

돼지 저금통

본문 100페이지

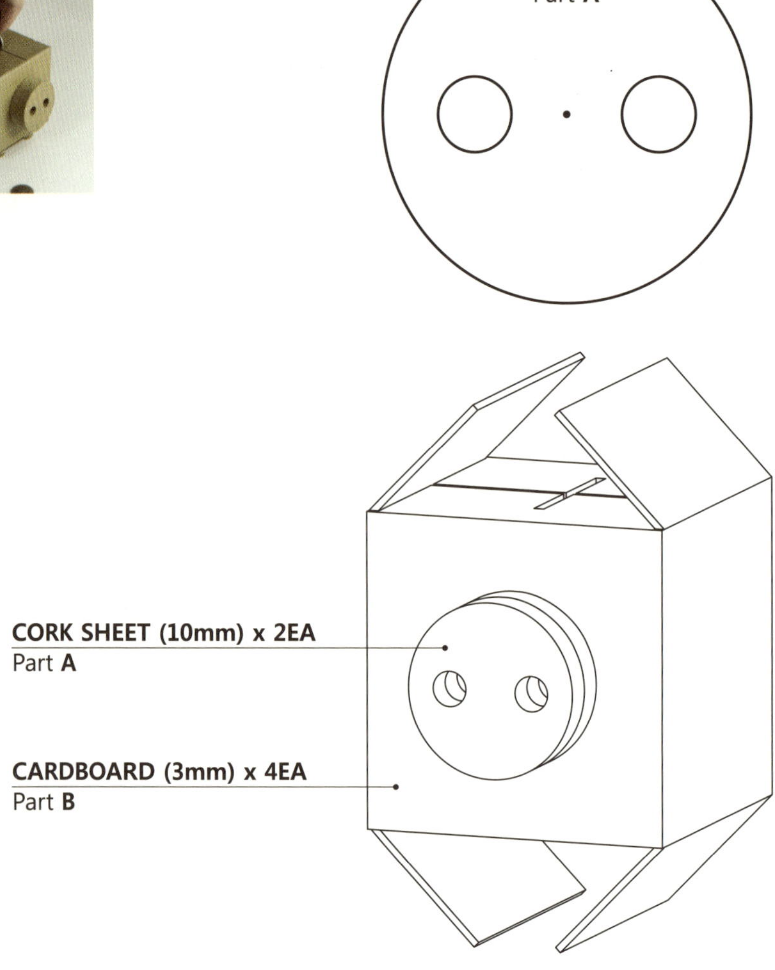

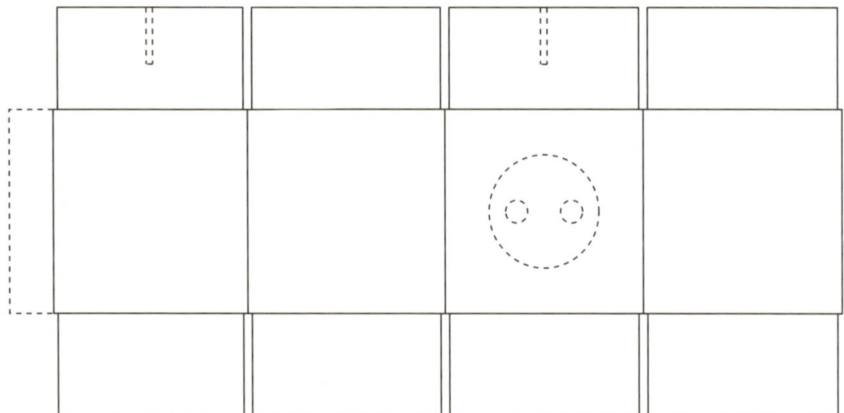

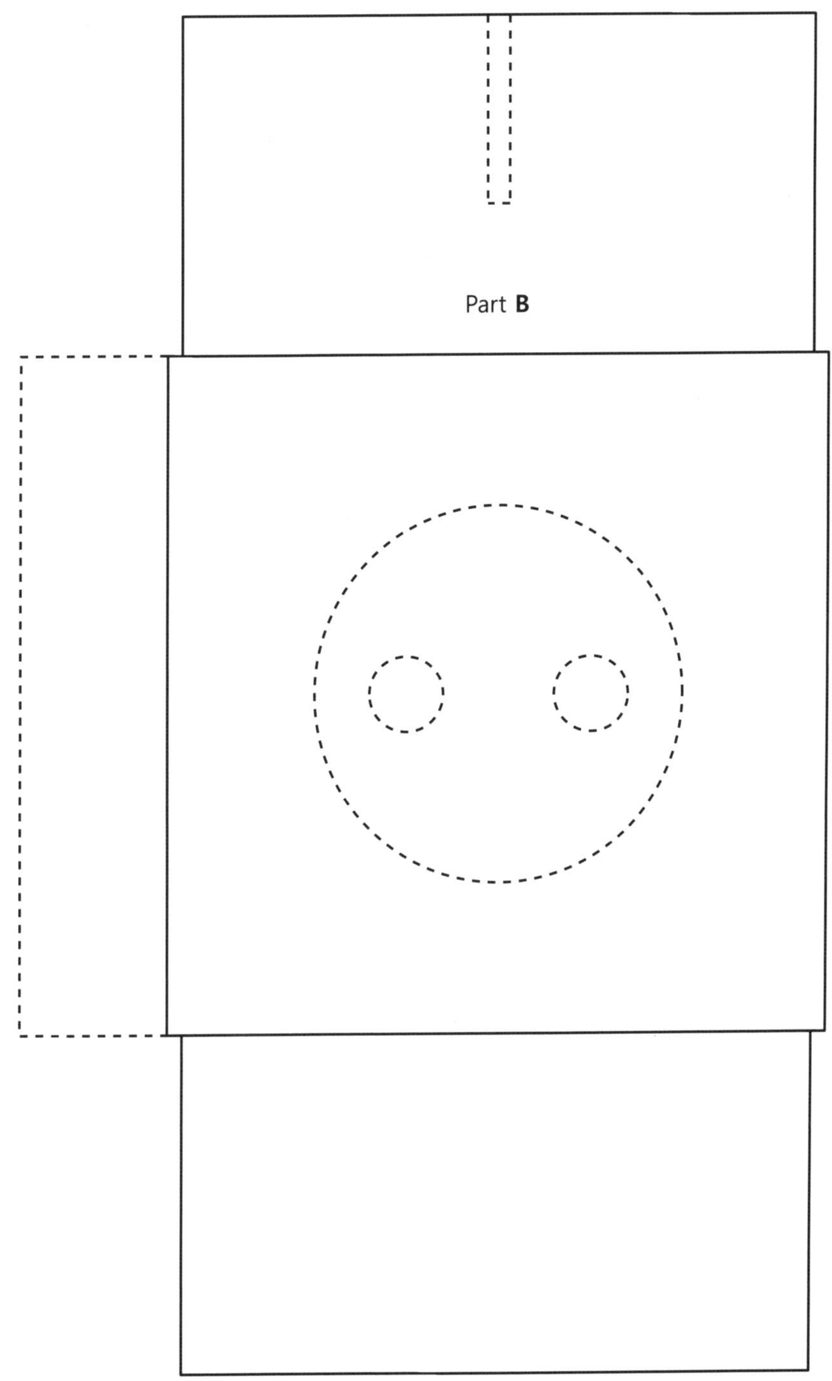
Part **B**

새집 키홀더

본문 106페이지

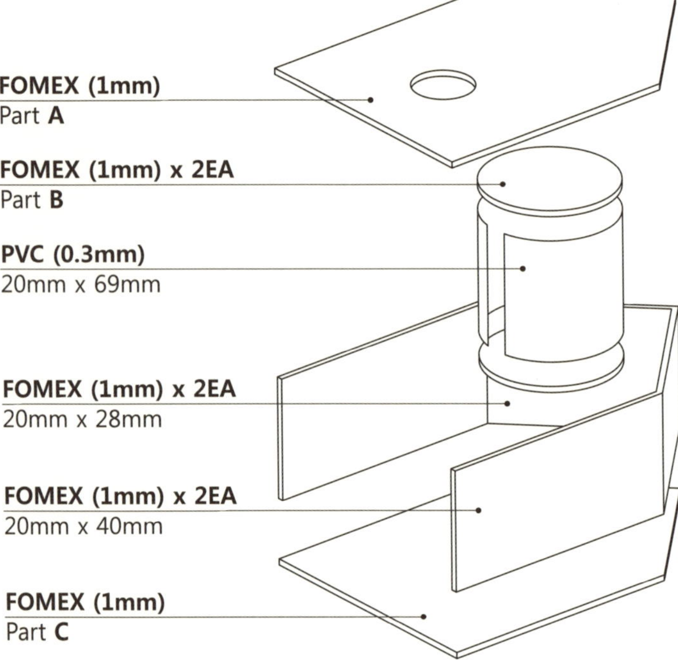

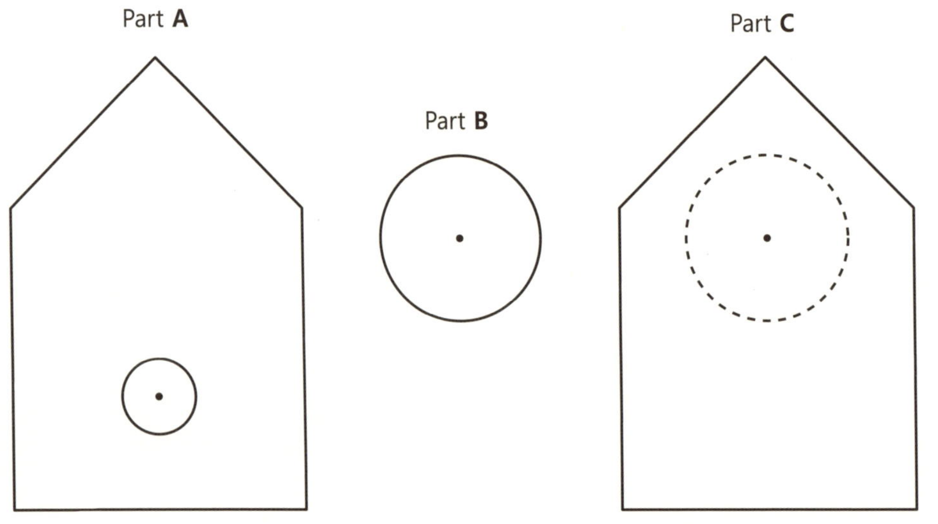

본문 112페이지

시멘트 조명

본문 112페이지

FOMEX (1mm)
Part A
PVC (0.3mm)
75mm x 173mm
FOMEX (1mm)
Part B

Part A

Part B

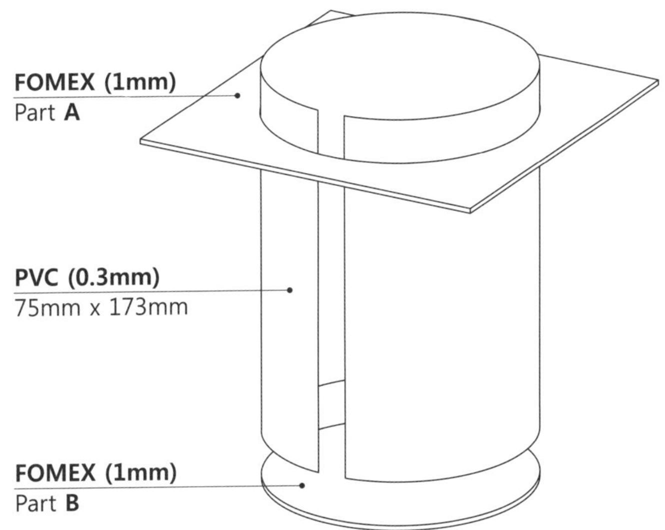

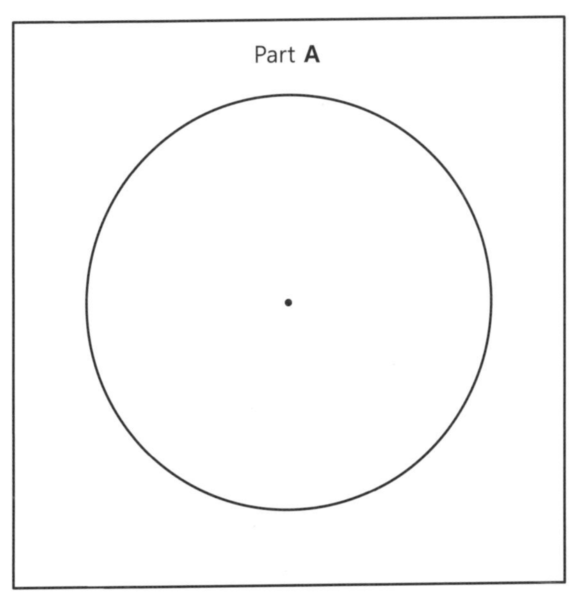

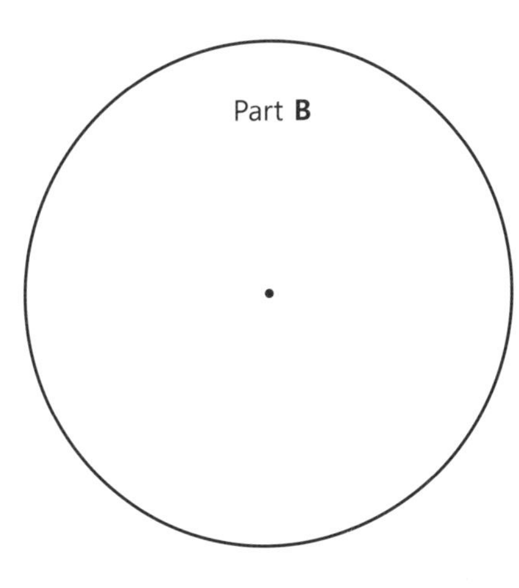

시멘트 파이프 시계
본문 118페이지

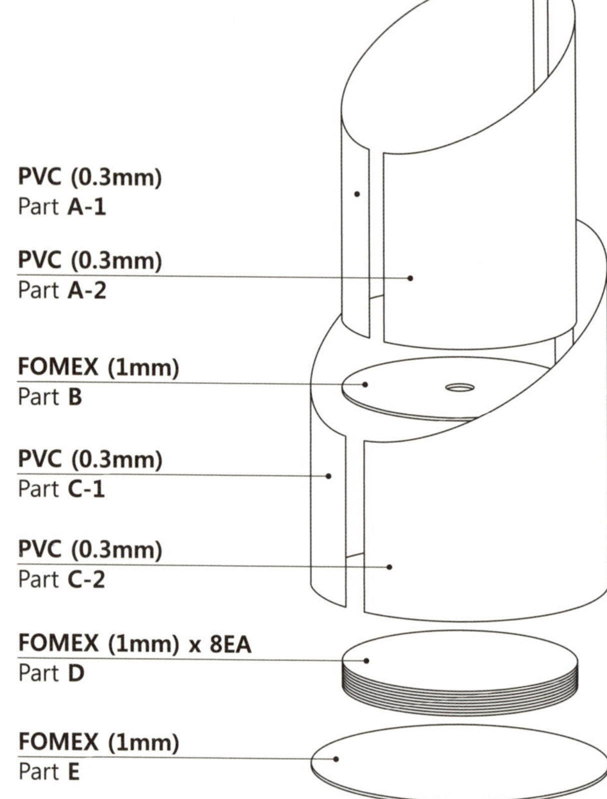

PVC (0.3mm)
Part A-1
PVC (0.3mm)
Part A-2
FOMEX (1mm)
Part B
PVC (0.3mm)
Part C-1
PVC (0.3mm)
Part C-2
FOMEX (1mm) x 8EA
Part D
FOMEX (1mm)
Part E

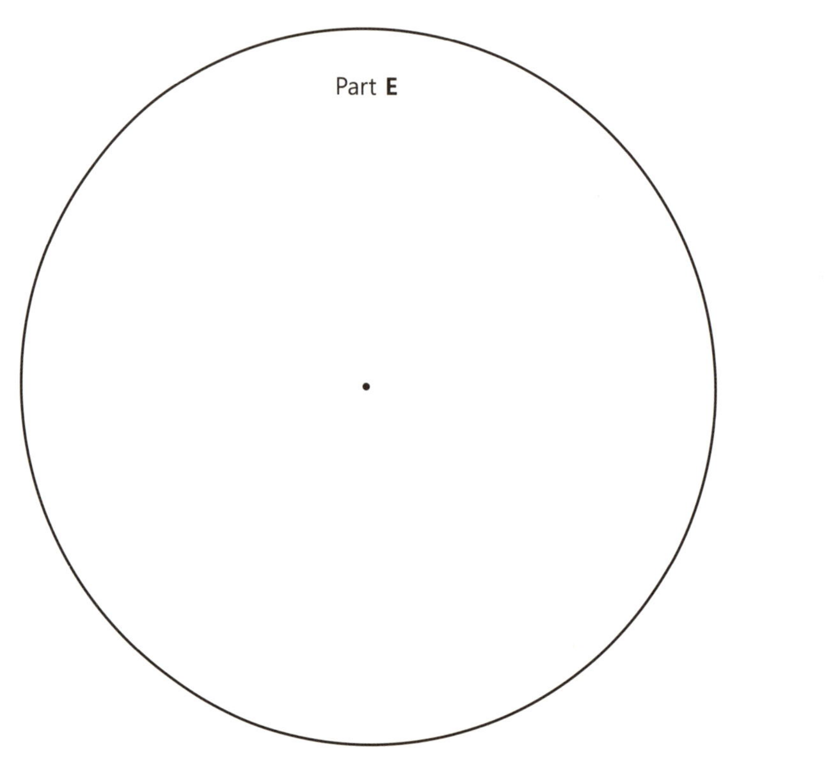

Part E

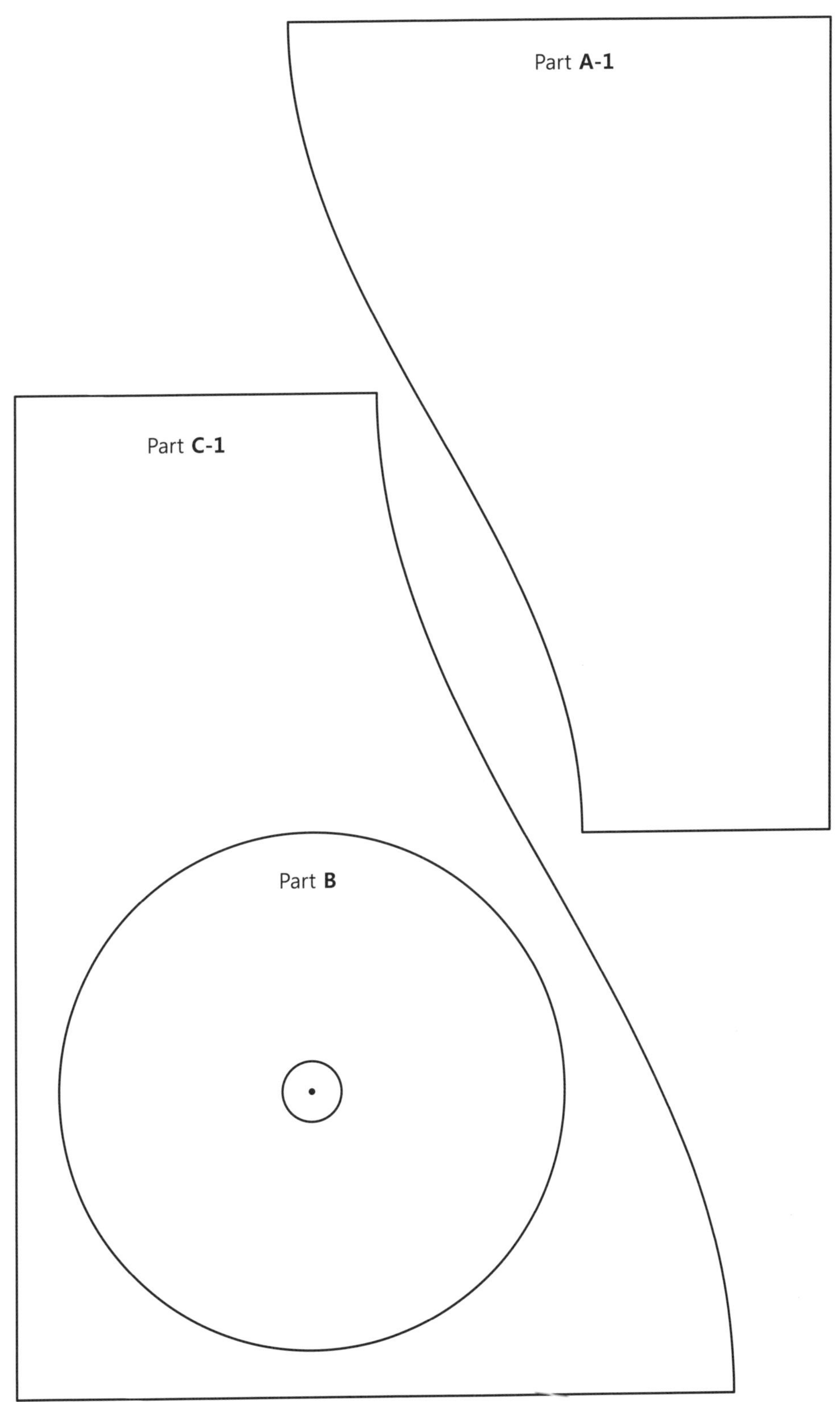

Part A-1
Part C-1
Part B
Part A-1

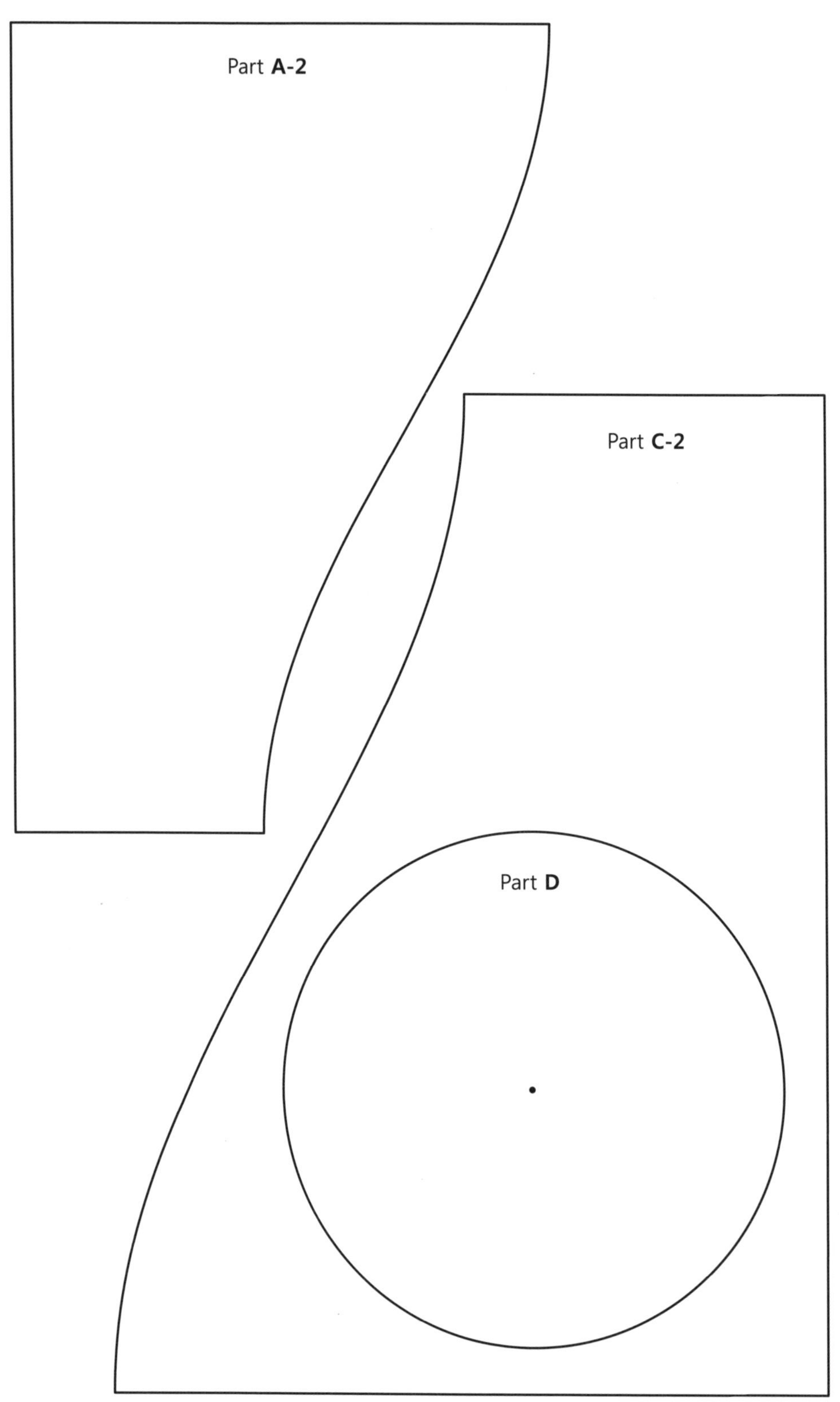

Part A-2
Part C-2
Part D
Part A-2

시멘트 저금통
본문 126페이지

Part **A**

FOMEX (1mm) x 4EA
50mm x 10mm

FOMEX (1mm) x 2EA
59mm x 59mm

FOMEX (1mm) x 4EA
60mm x 130mm

FOMEX (1mm) x 4EA
80mm x 150mm

FOMEX (1mm) x 3EA
Part A

FOMEX (1mm)
79mm x 79mm

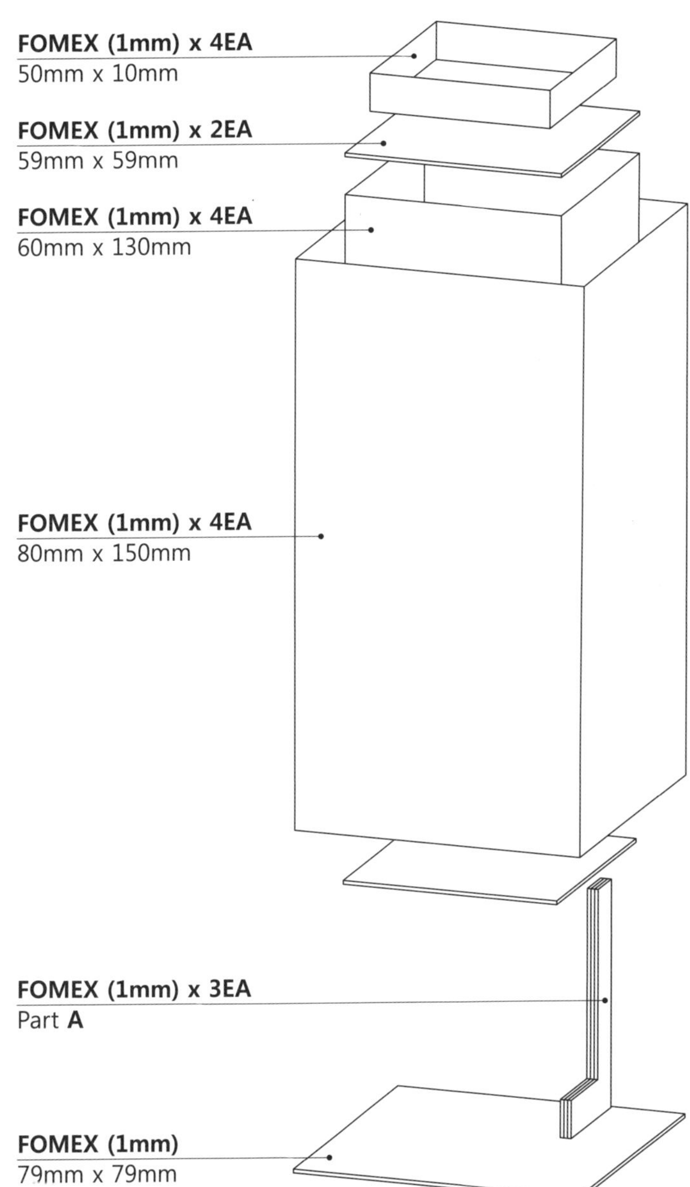

괘종 시계

본문 132페이지

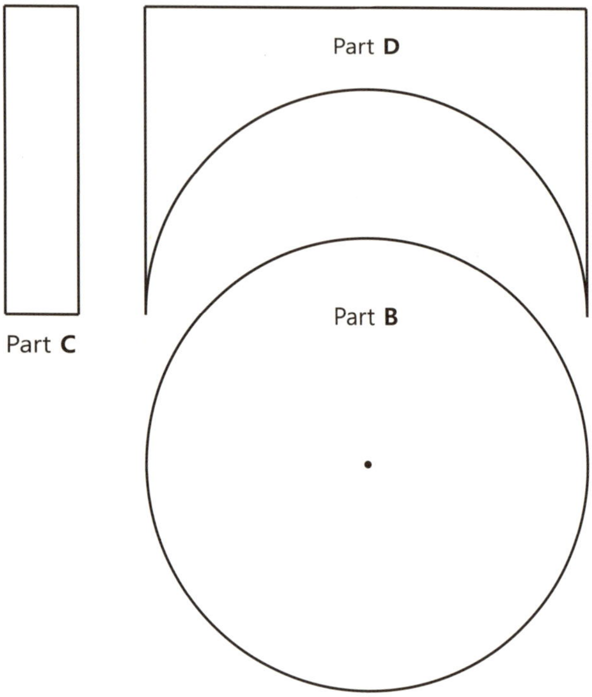

Part **C**

Part **D**

Part **B**

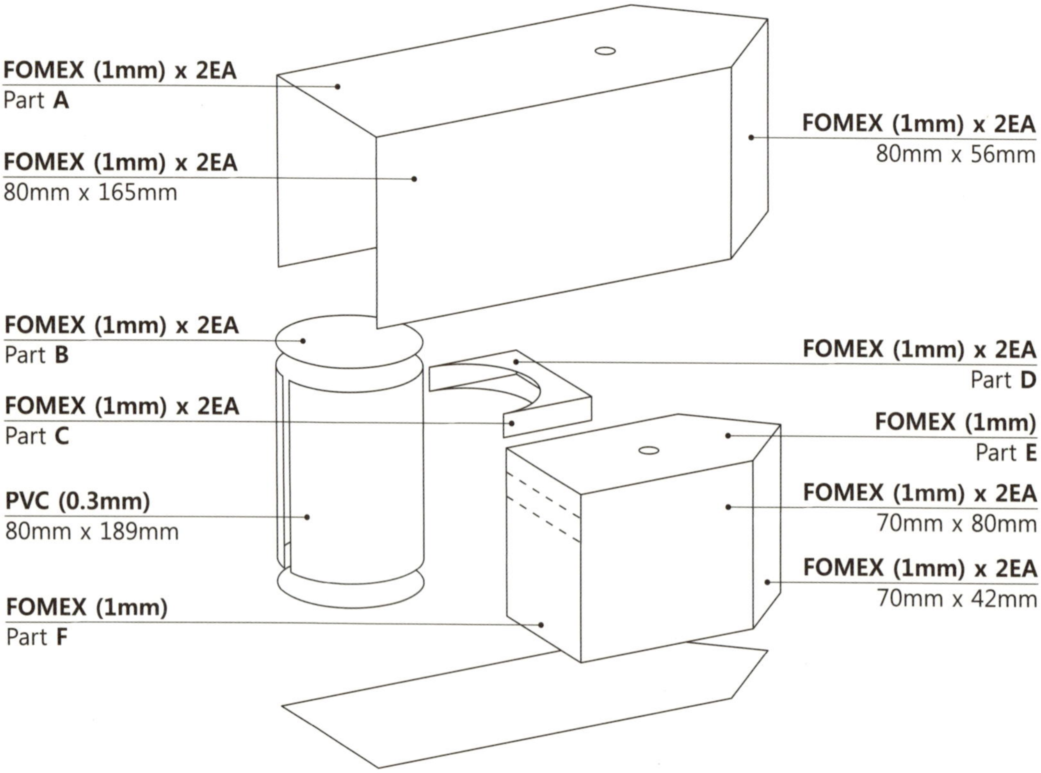

FOMEX (1mm) x 2EA
Part **A**

FOMEX (1mm) x 2EA
80mm x 165mm

FOMEX (1mm) x 2EA
80mm x 56mm

FOMEX (1mm) x 2EA
Part **B**

FOMEX (1mm) x 2EA
Part **C**

FOMEX (1mm) x 2EA
Part **D**

FOMEX (1mm)
Part **E**

PVC (0.3mm)
80mm x 189mm

FOMEX (1mm) x 2EA
70mm x 80mm

FOMEX (1mm) x 2EA
70mm x 42mm

FOMEX (1mm)
Part **F**

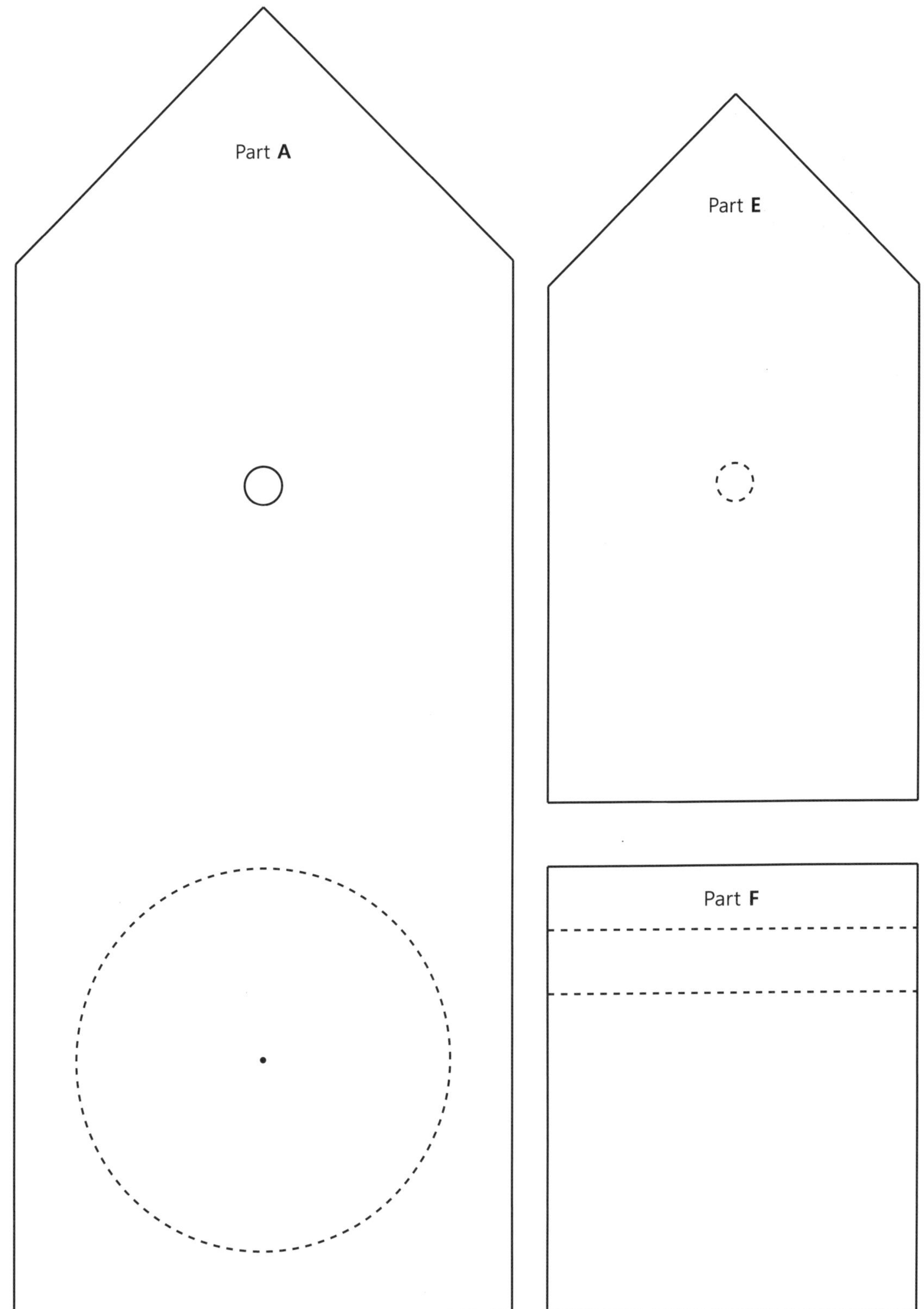

Part A
Part E
Part F

CD 턴테이블

본문 138페이지

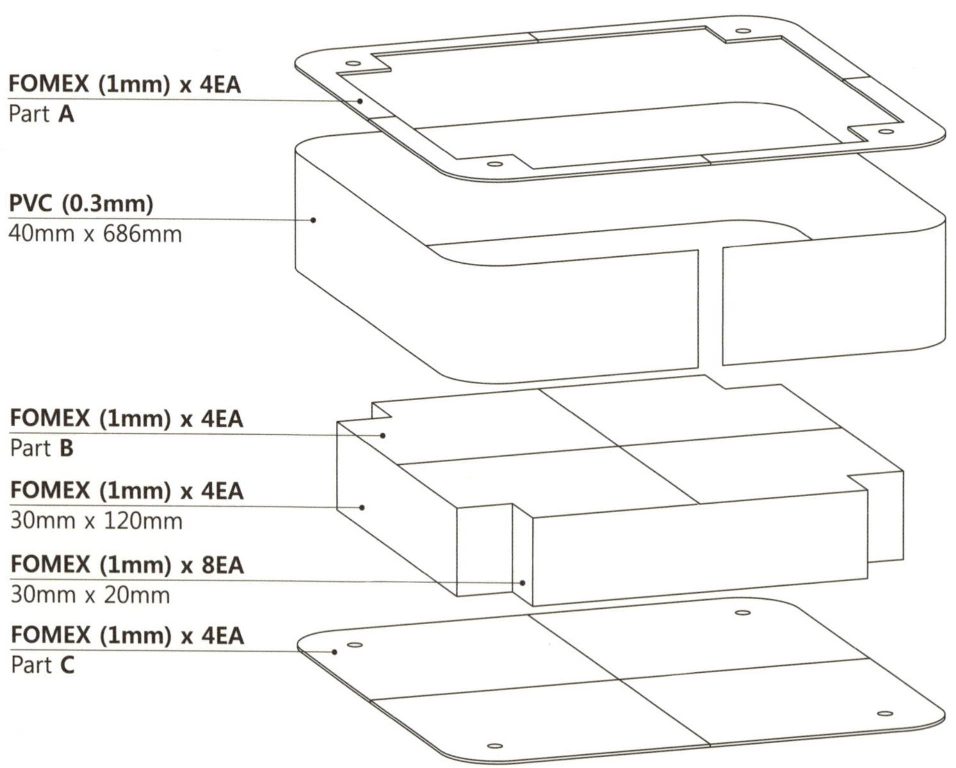

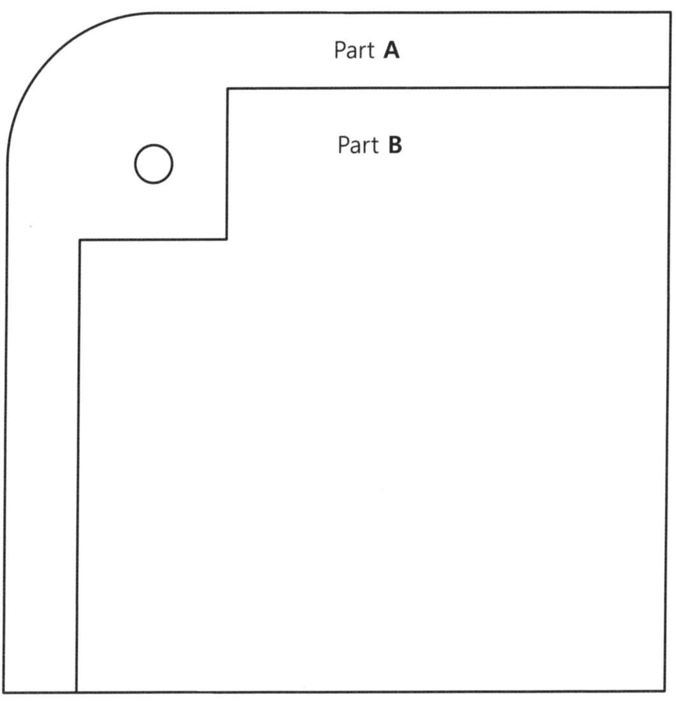
Part A
Part B

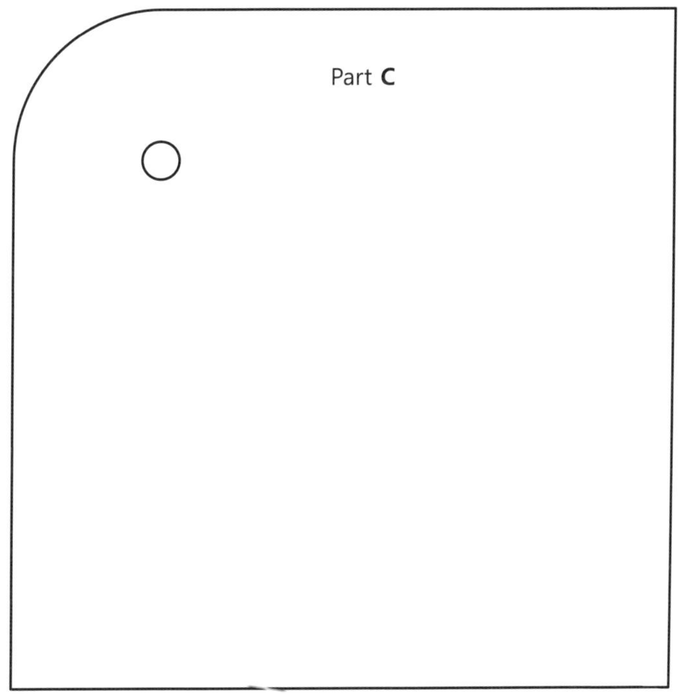
Part C

티캔들 홀더

본문 158페이지

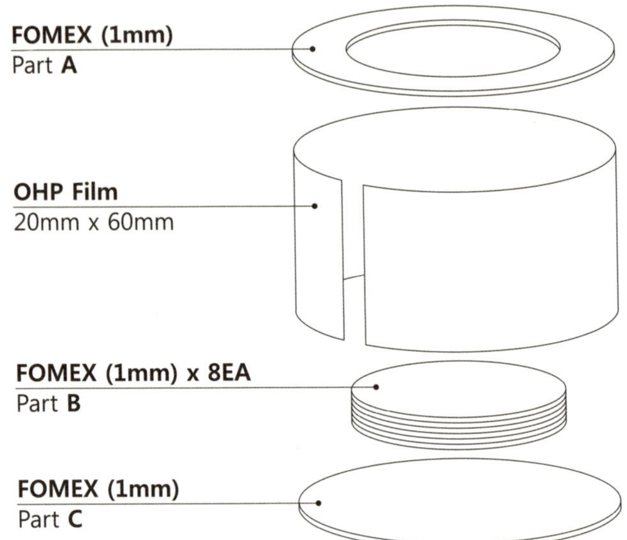

Part **A**

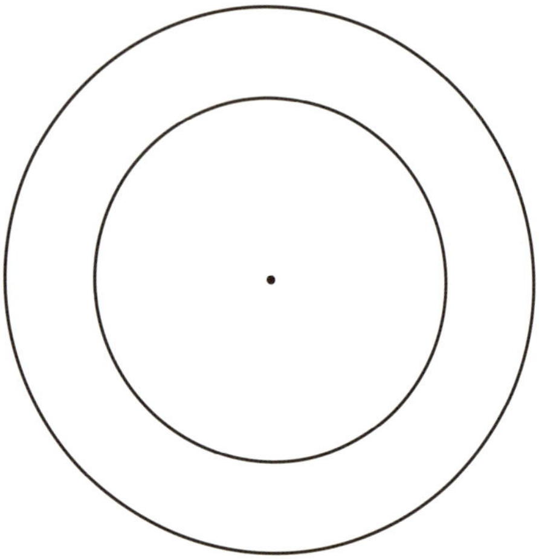

Part **C**

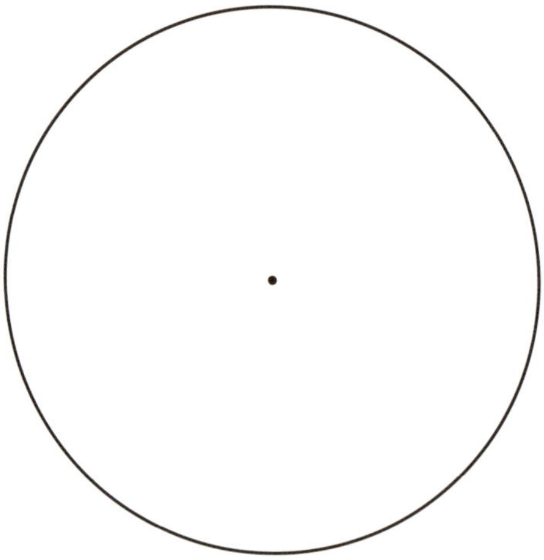

Part **B**

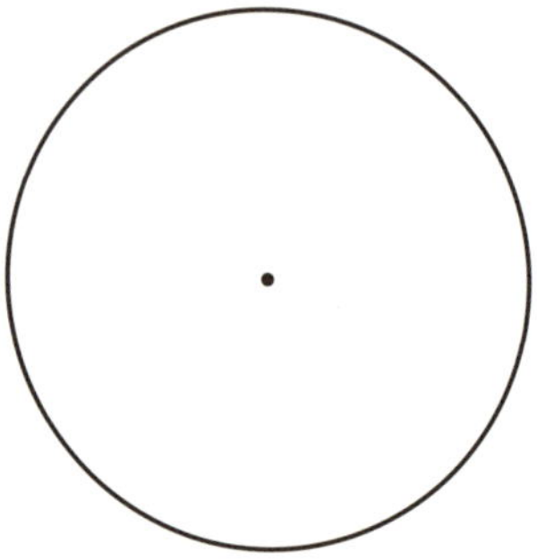

멀티 캔들 홀더

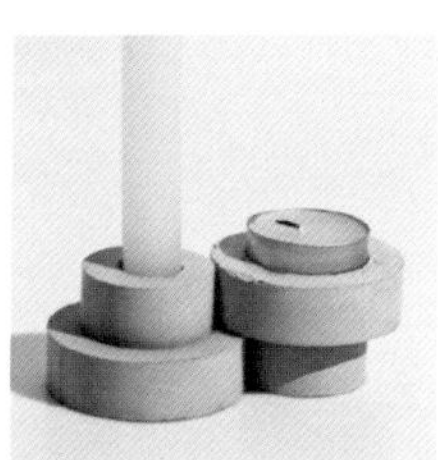

본문 164페이지

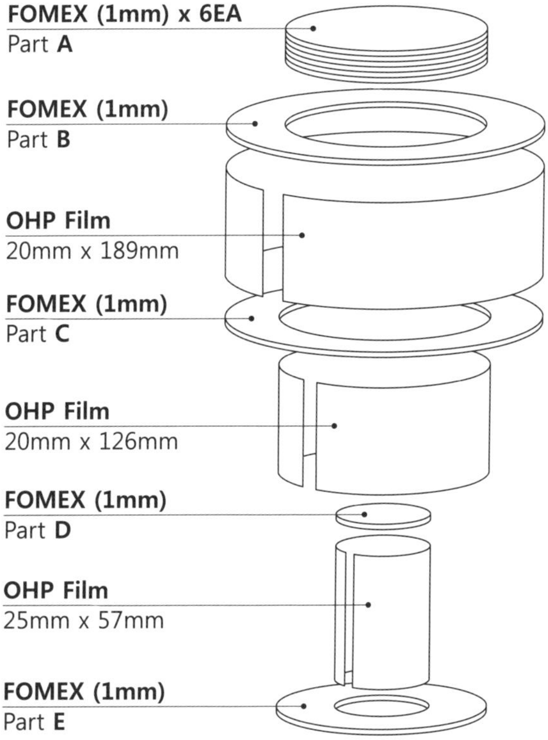

FOMEX (1mm) x 6EA
Part **A**

FOMEX (1mm)
Part **B**

OHP Film
20mm x 189mm

FOMEX (1mm)
Part **C**

OHP Film
20mm x 126mm

FOMEX (1mm)
Part **D**

OHP Film
25mm x 57mm

FOMEX (1mm)
Part **E**

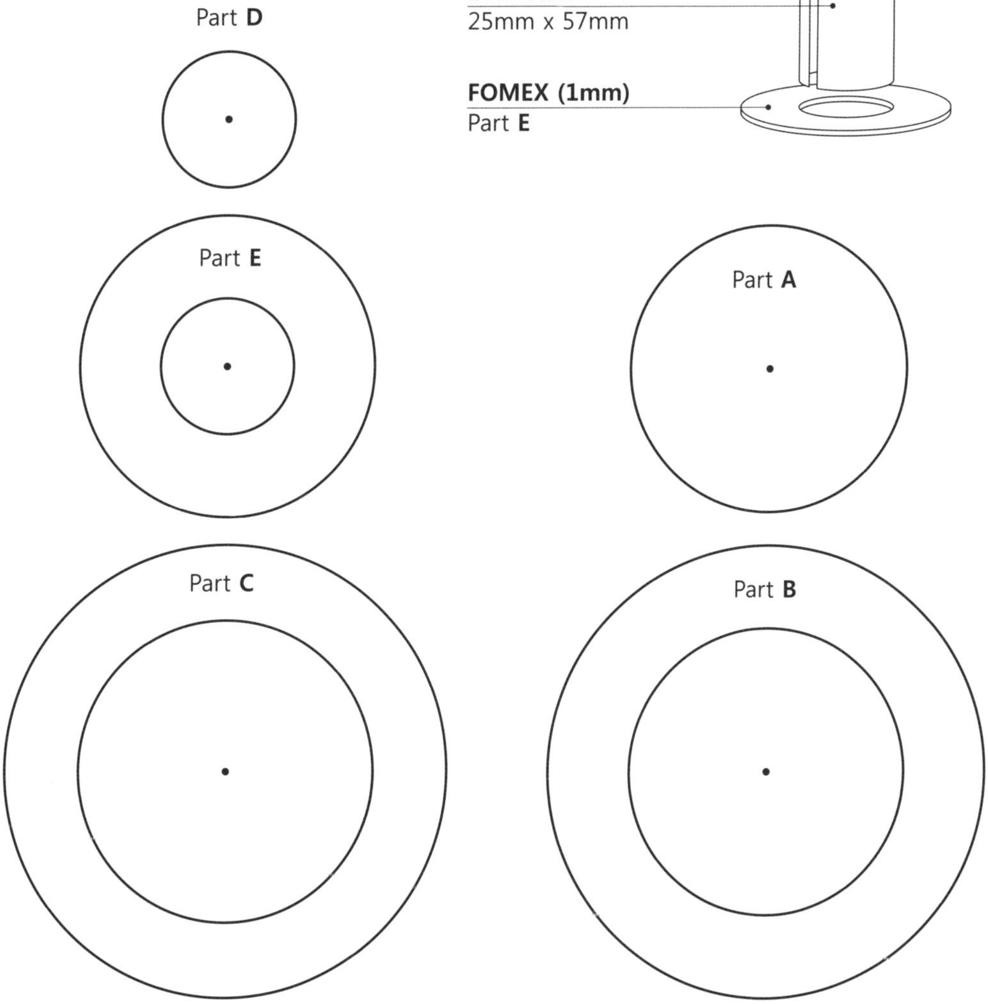

Part **D**

Part **E**

Part **A**

Part **C**

Part **B**

테트라포드 촛대

본문 170페이지

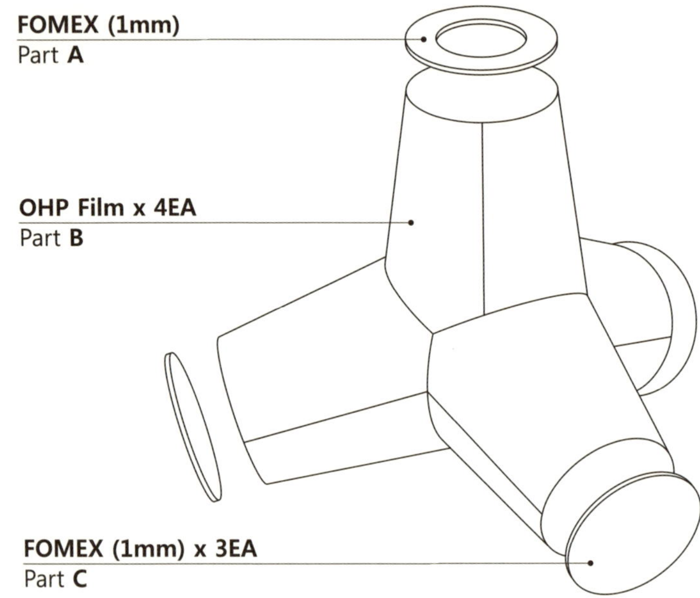

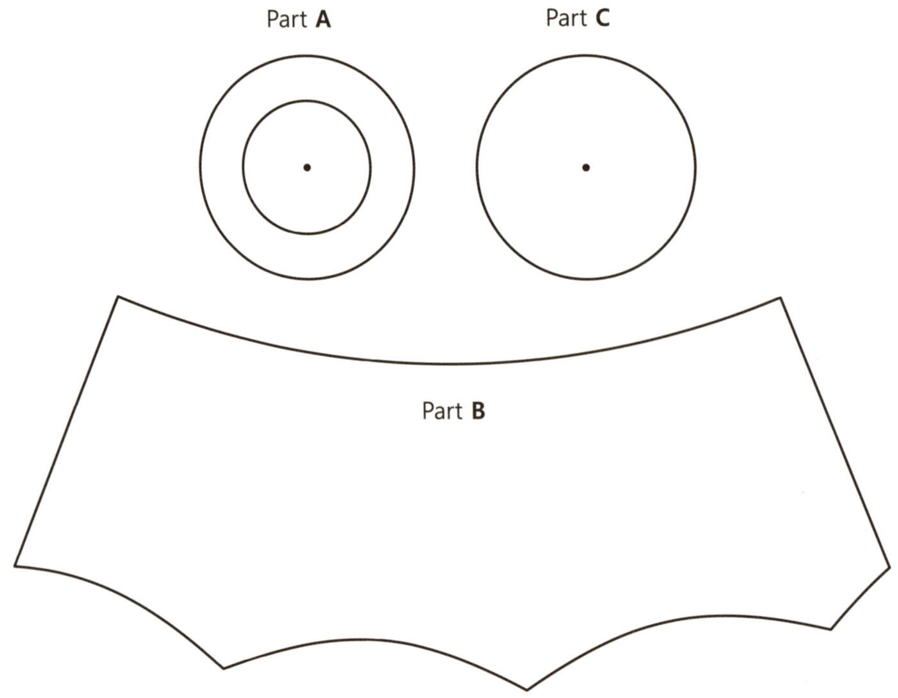

키홀더

본문 176페이지

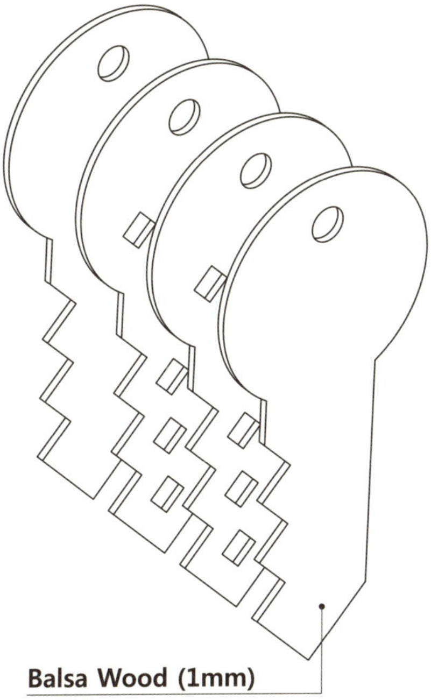

Balsa Wood (1mm)
x 4EA

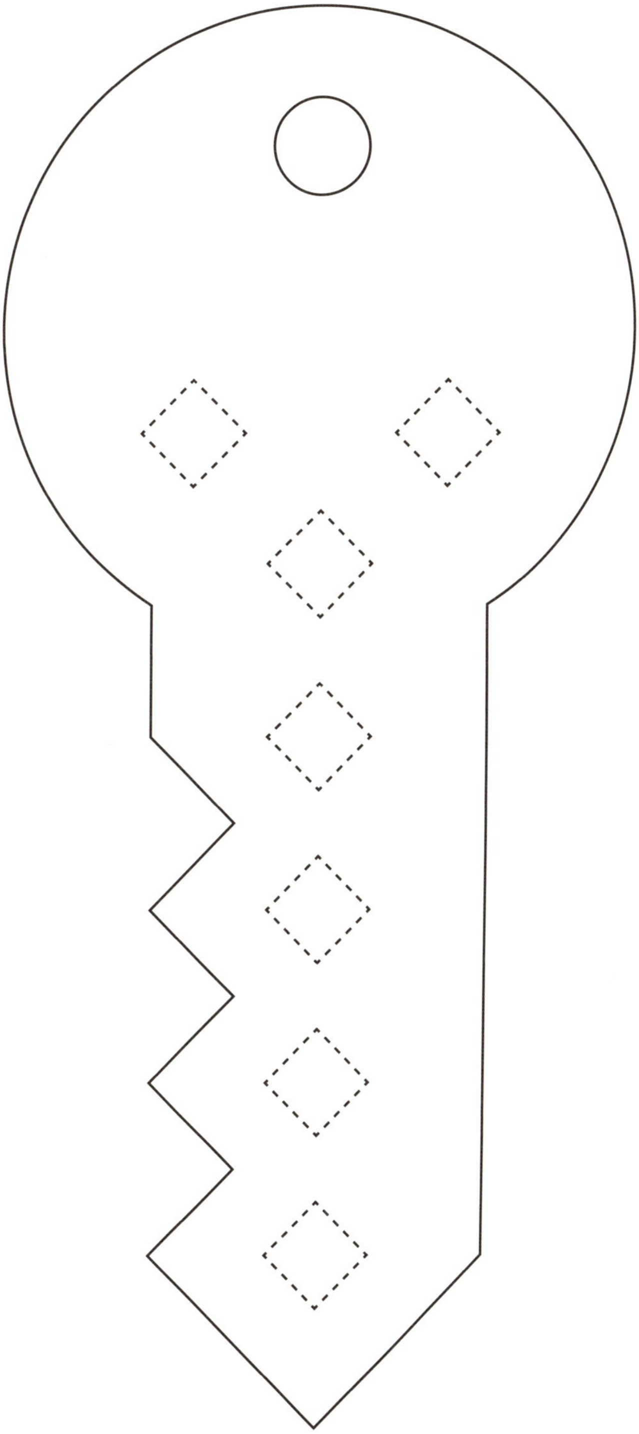

코끼리 화분

본문 188페이지

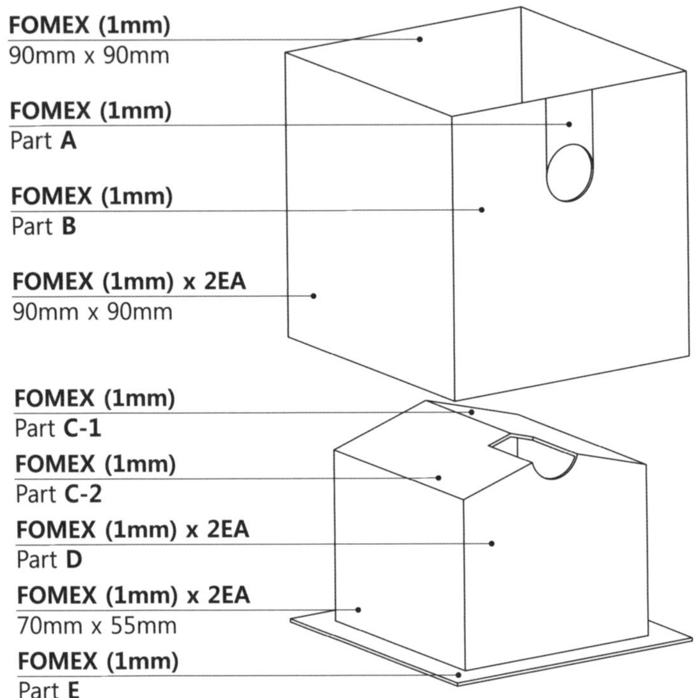

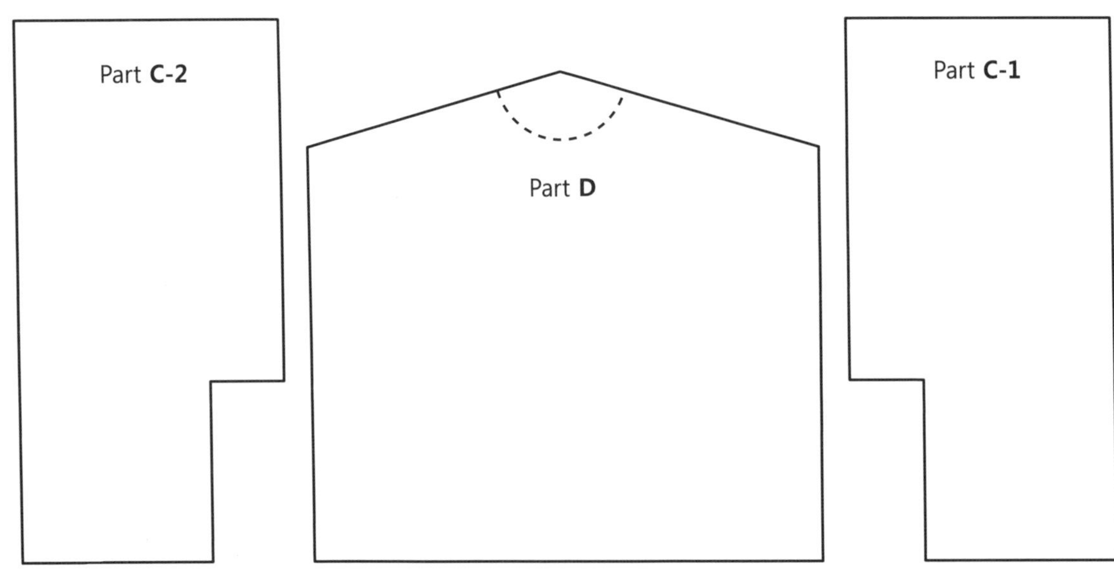

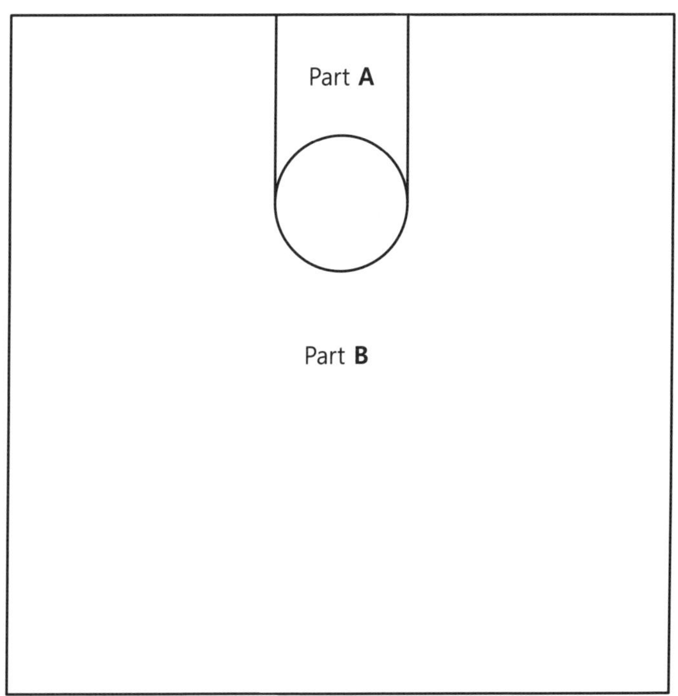
Part A
Part B

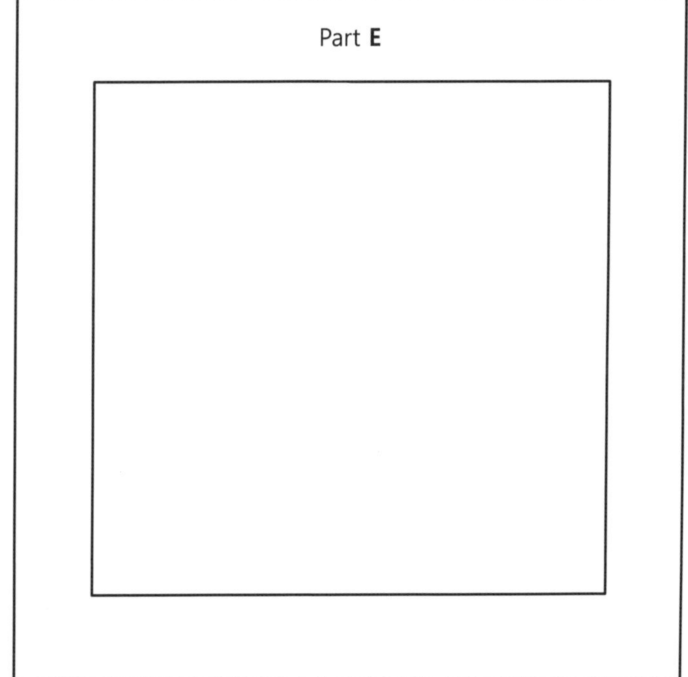
Part E

본문 194페이지

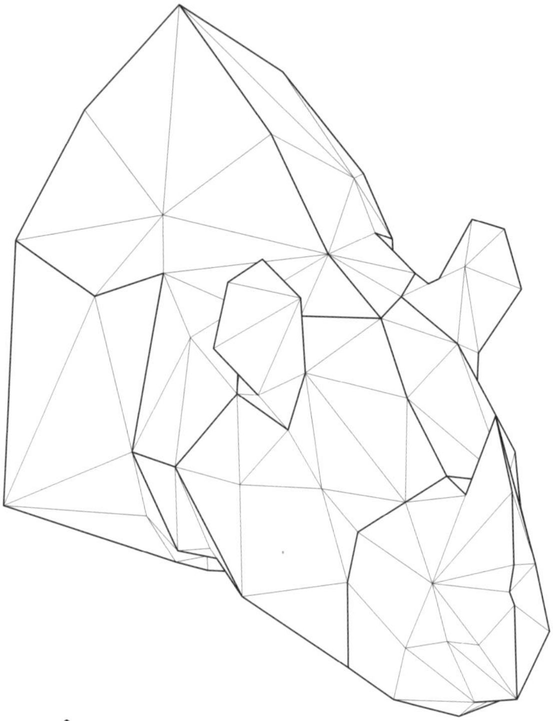

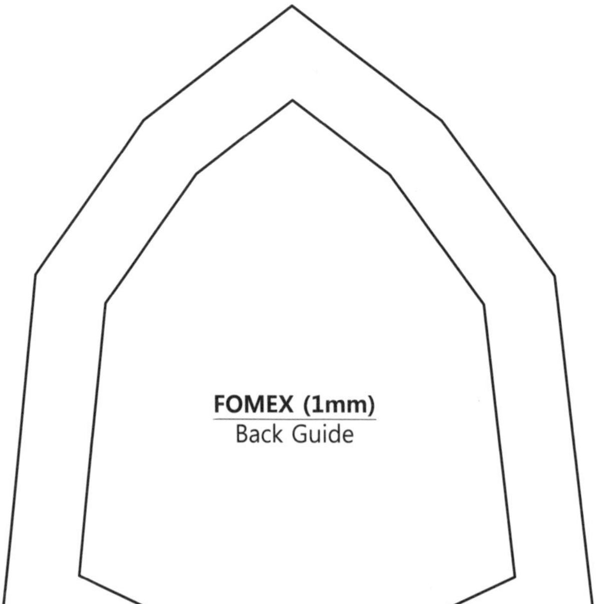

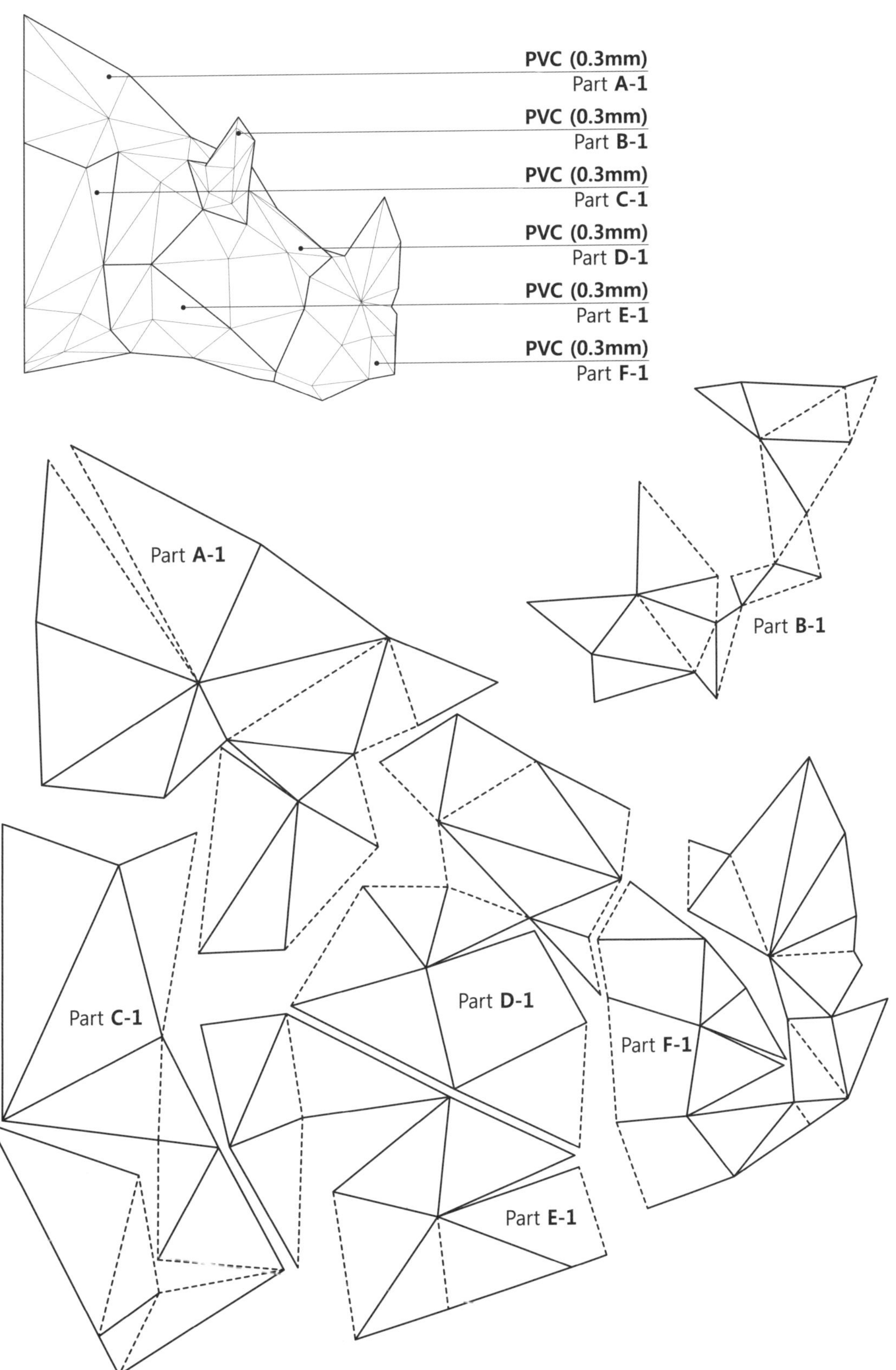

PVC (0.3mm)
Part A-1
PVC (0.3mm)
Part B-1
PVC (0.3mm)
Part C-1
PVC (0.3mm)
Part D-1
PVC (0.3mm)
Part E-1
PVC (0.3mm)
Part F-1
Part A-1
Part B-1
Part C-1
Part D-1
Part F-1
Part E-1

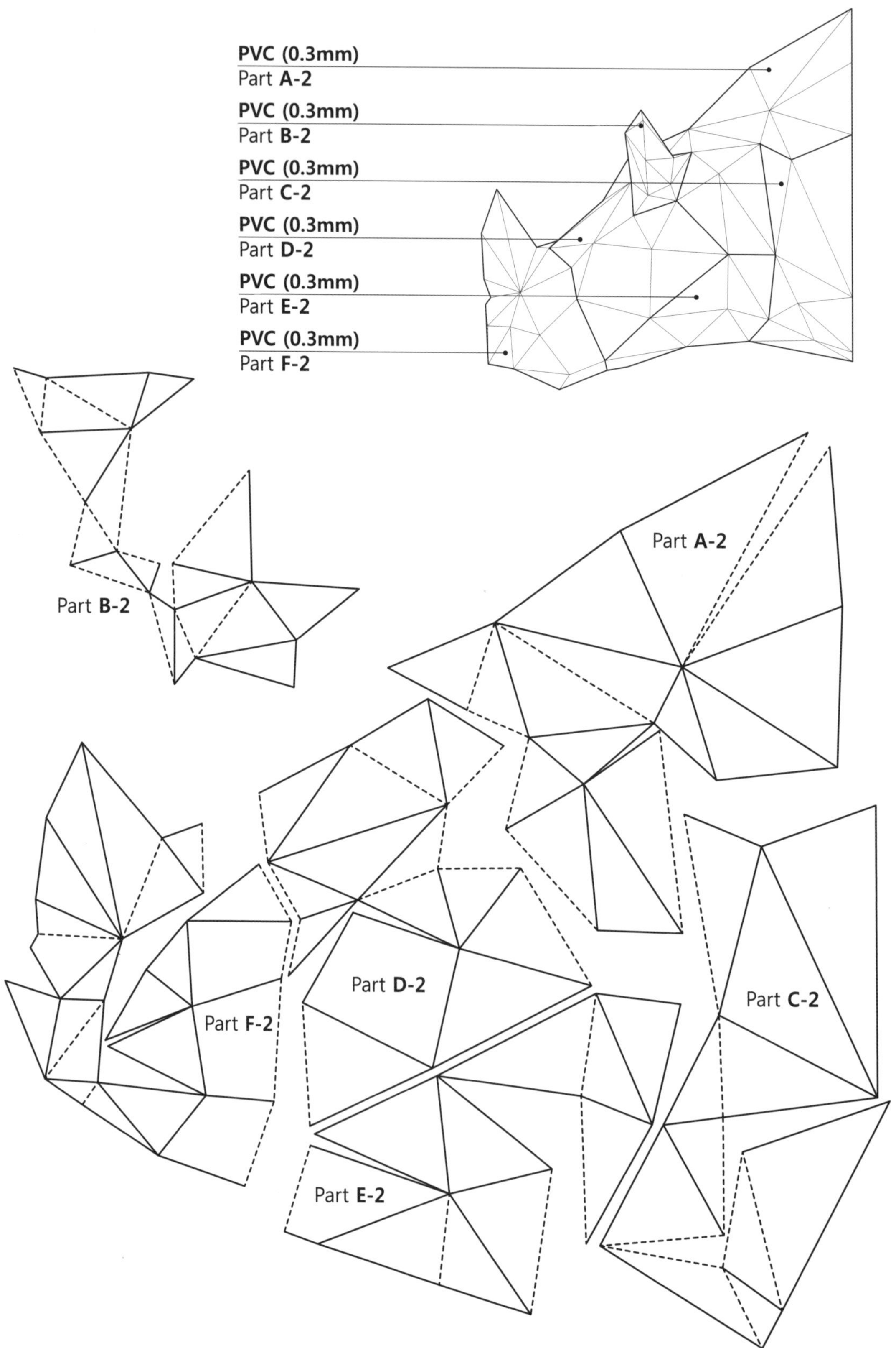

PVC (0.3mm)
Part A-2
PVC (0.3mm)
Part B-2
PVC (0.3mm)
Part C-2
PVC (0.3mm)
Part D-2
PVC (0.3mm)
Part E-2
PVC (0.3mm)
Part F-2
Part B-2
Part A-2
Part F-2
Part D-2
Part C-2
Part E-2

유니콘 랙

본문 200페이지

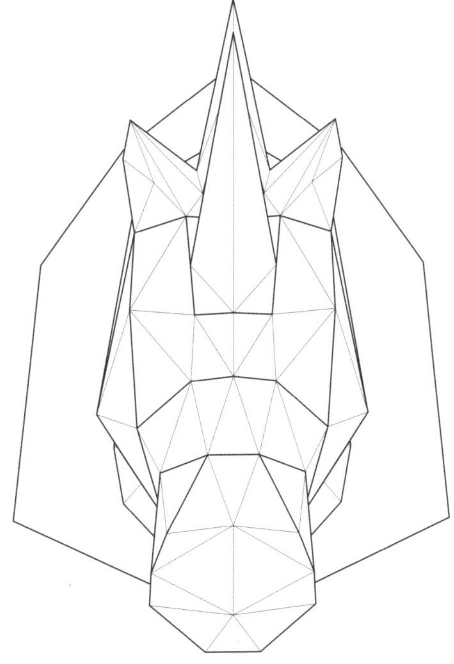

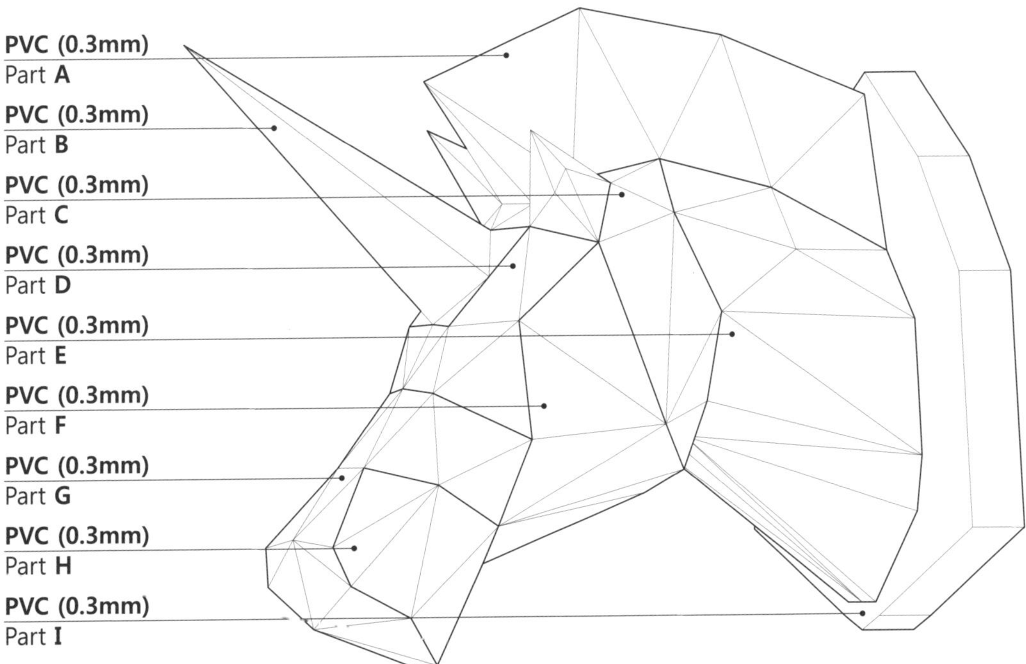

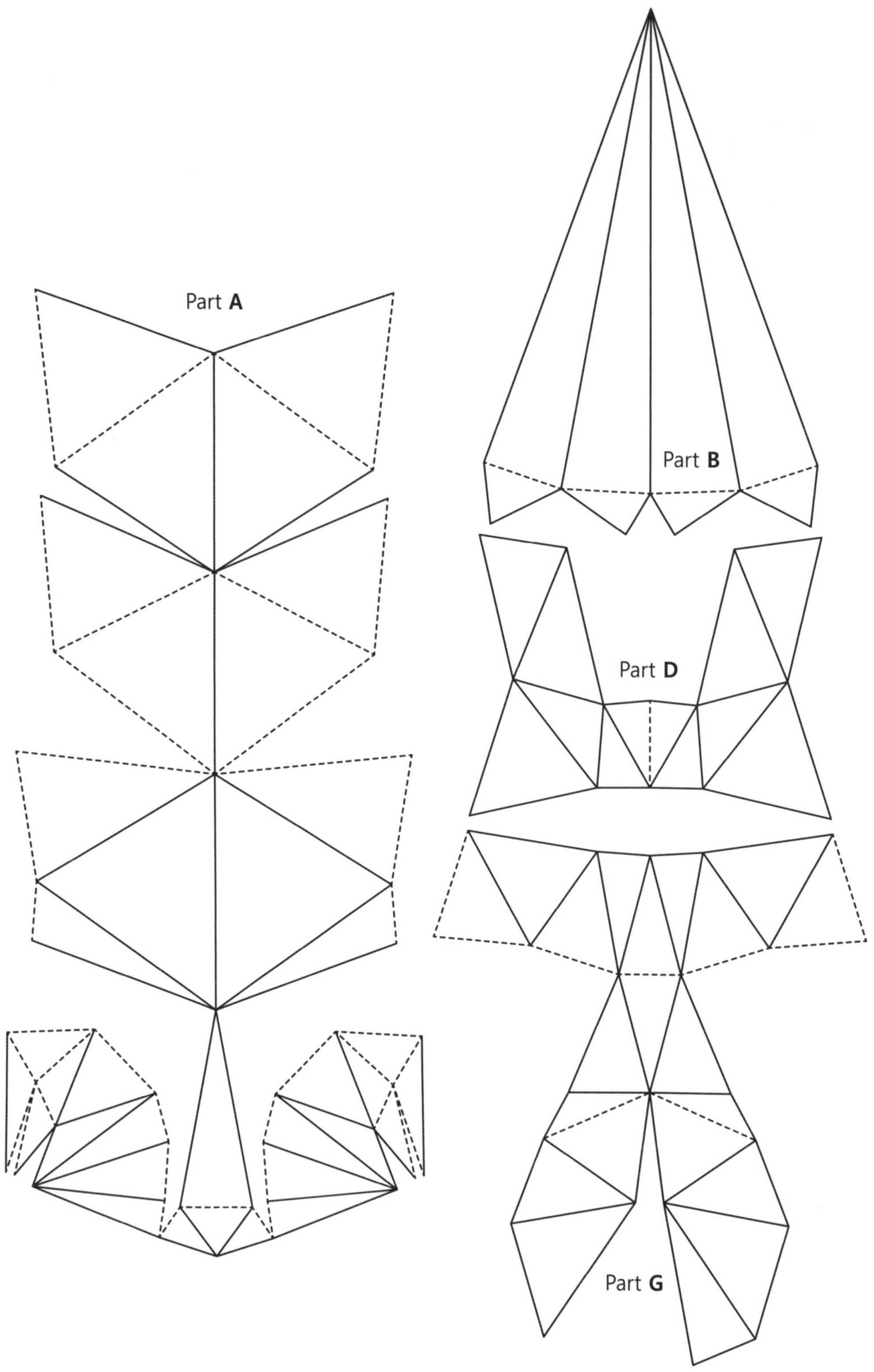

Part A
Part B
Part D
Part G

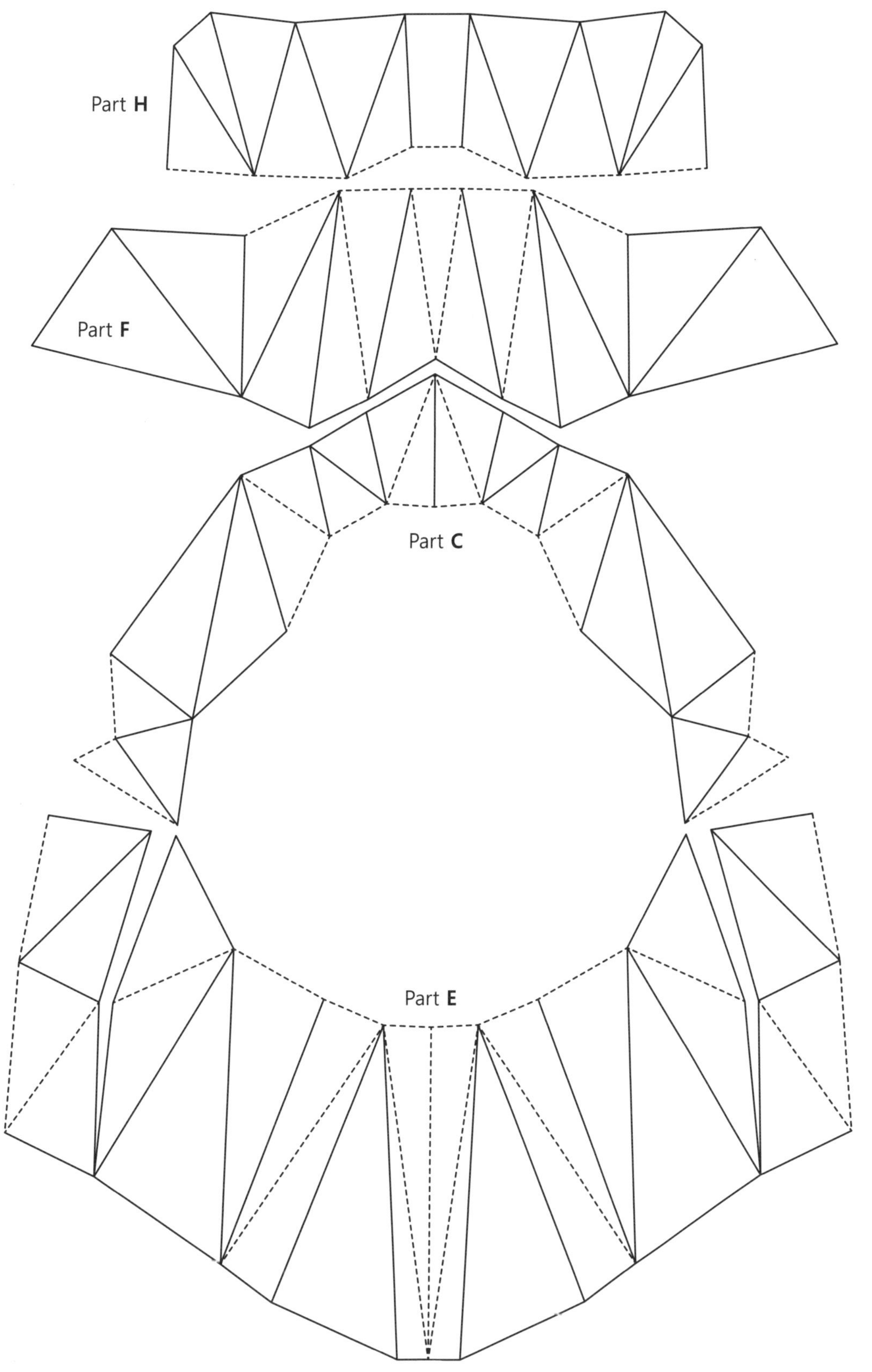

Part H
Part F
Part C
Part E

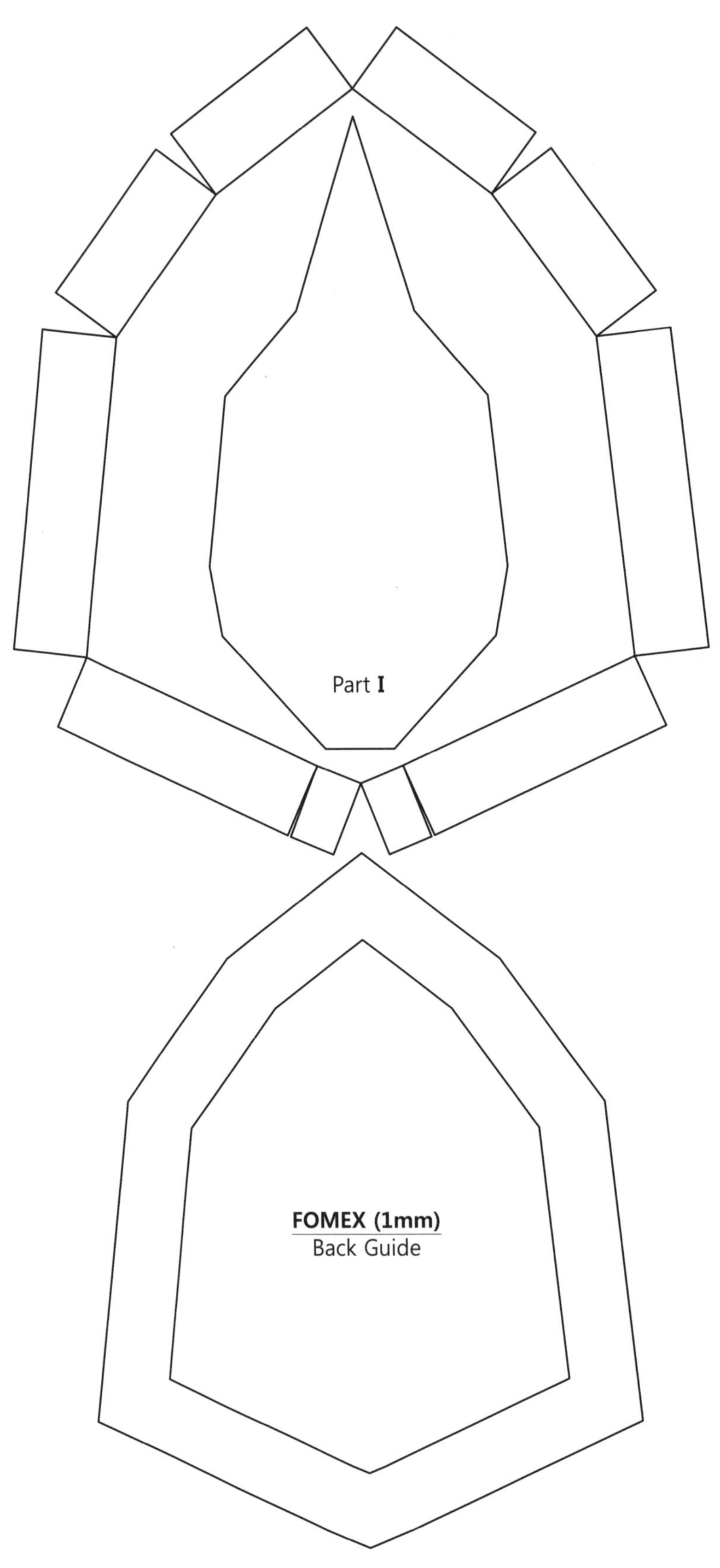

Part I
FOMEX (1mm)
Back Guide

와인잔 조명

본문 208페이지

Part **A**

PVC (0.3mm) x 36EA
Part **A**

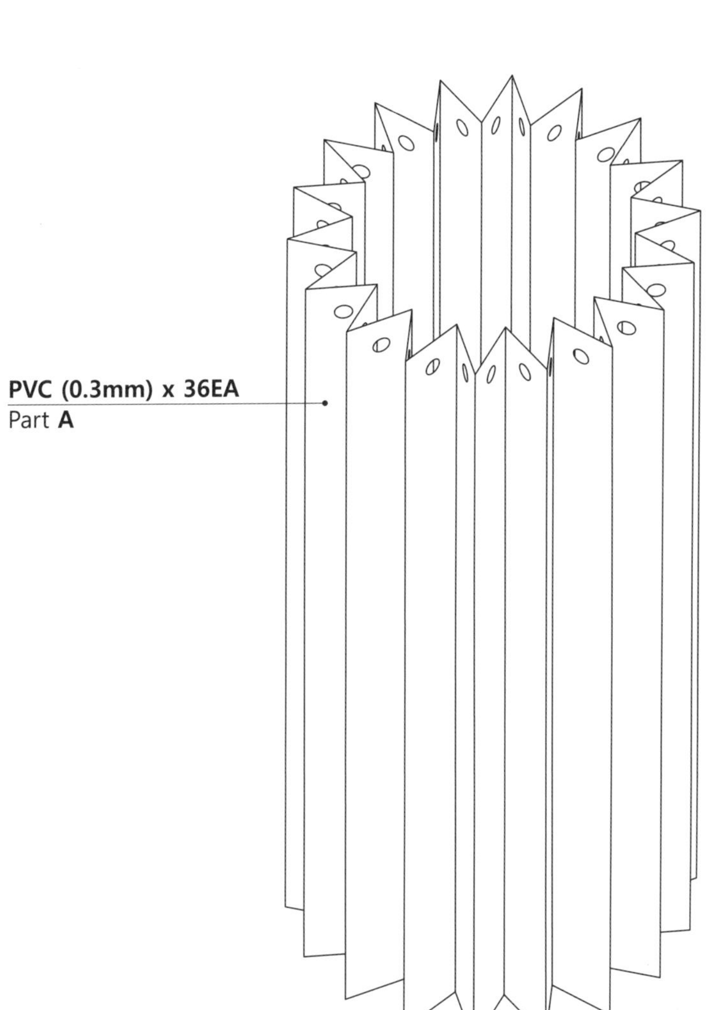

삼발이 조명

본문 220페이지

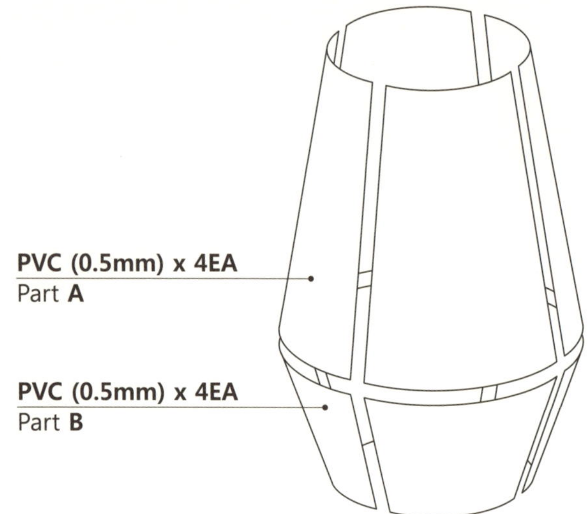

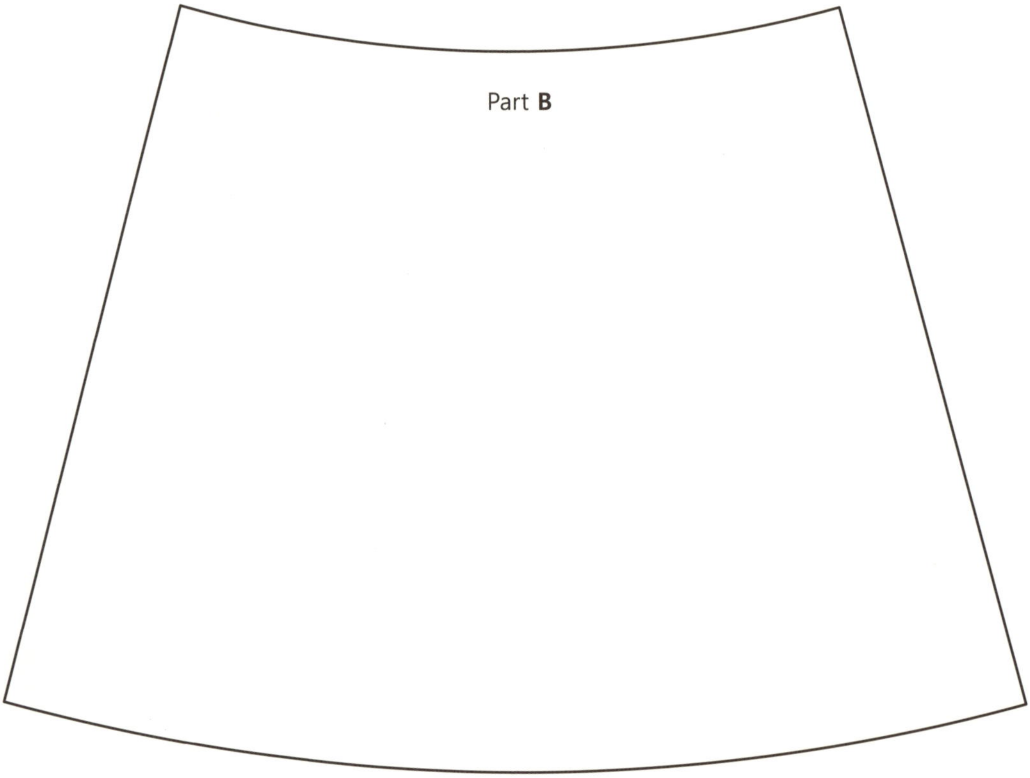

Part **B**

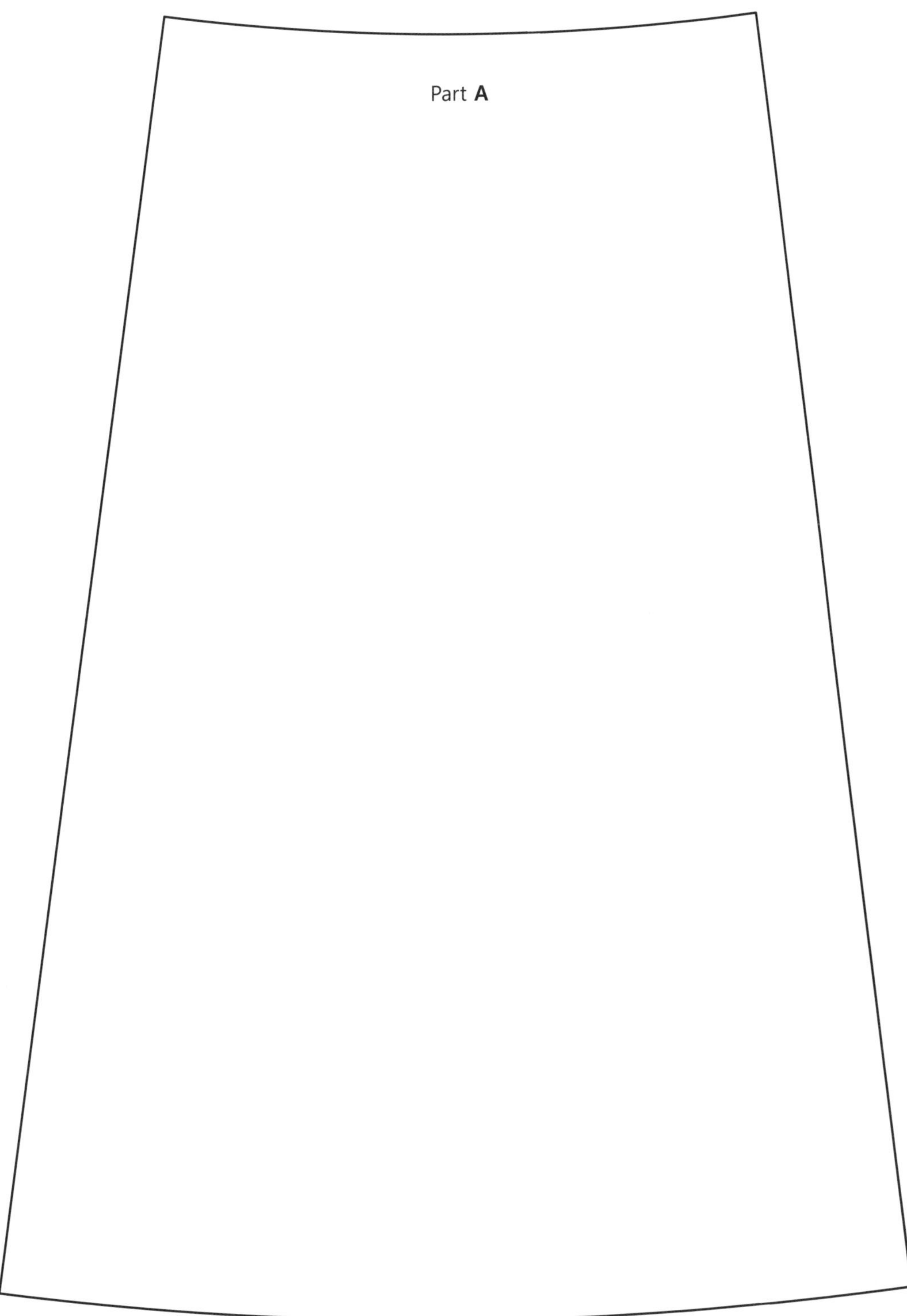
Part A

파인애플 화분

본문 228페이지

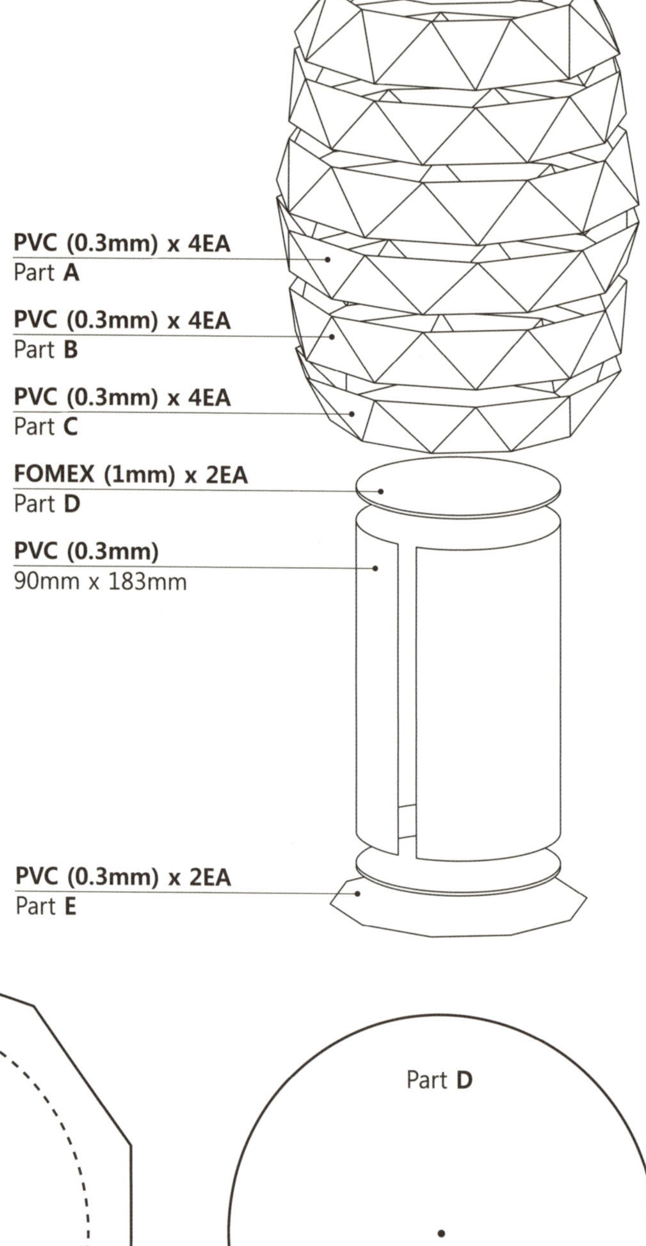

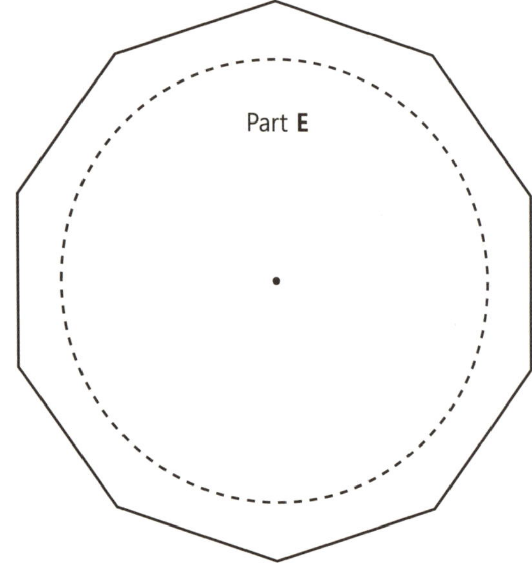

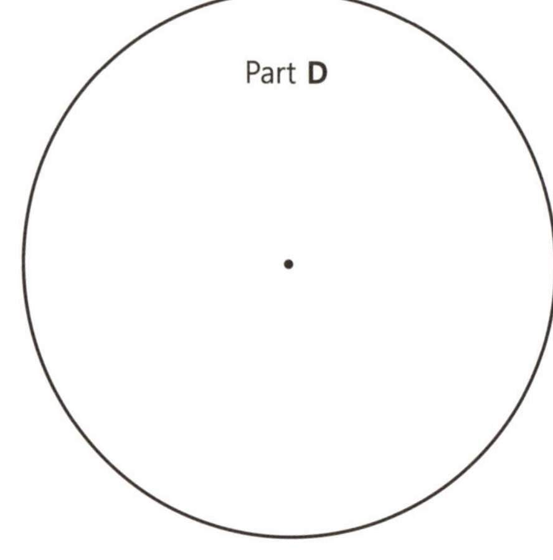

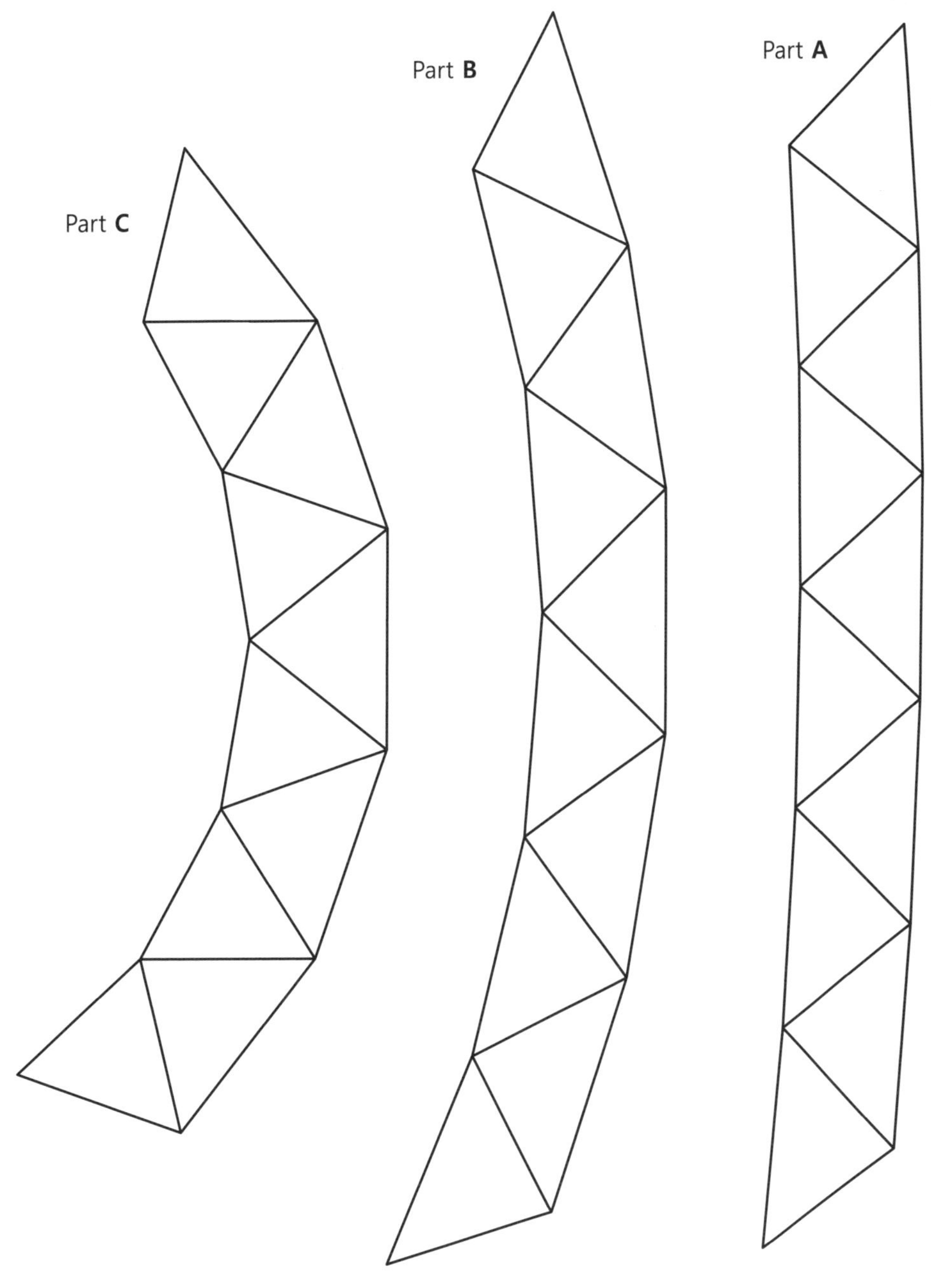
Part C
Part B
Part A

사각 조명

본문 234페이지

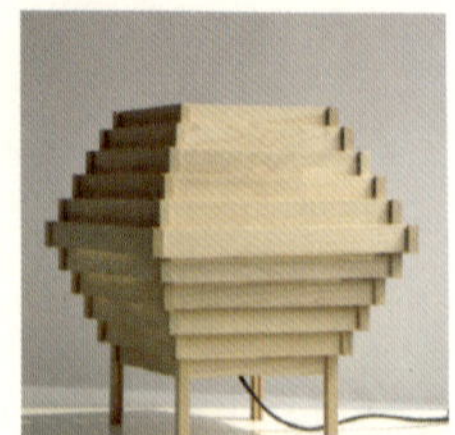

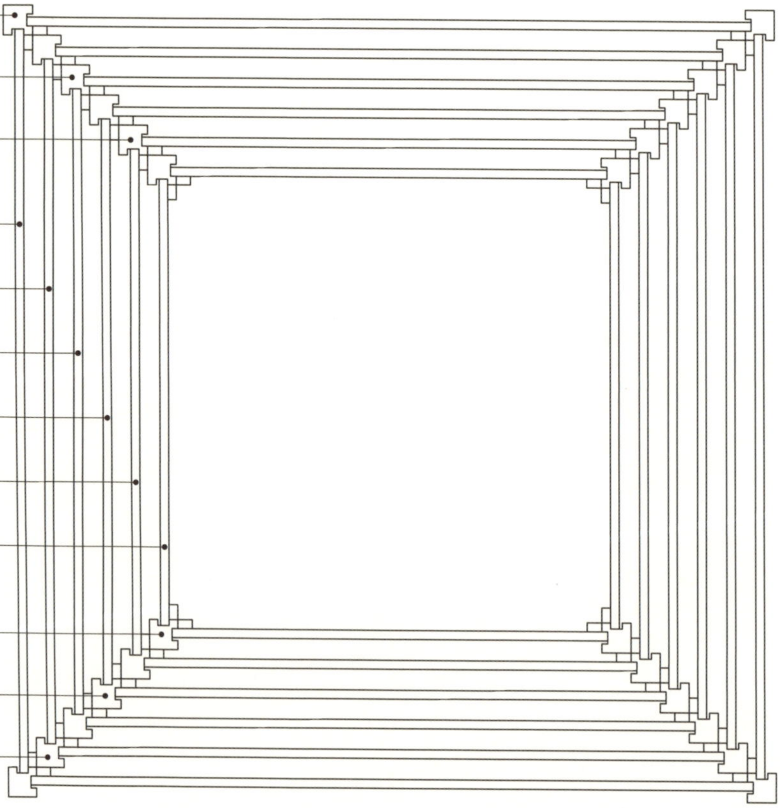

Pine Wood x 4EA
25mm(2면홈)
Pine Wood x 4EA
115mm(2면홈)
Pine Wood x 4EA
205mm(2면홈)

Pine Wood (3mm) x 4EA
25mm x 250mm
Pine Wood (3mm) x 8EA
25mm x 230mm
Pine Wood (3mm) x 8EA
25mm x 210mm
Pine Wood (3mm) x 8EA
25mm x 190mm
Pine Wood (3mm) x 8EA
25mm x 170mm
Pine Wood (3mm) x 8EA
25mm x 150mm

Pine Wood x 4EA
300mm(2면홈)
Pine Wood x 4EA
160mm(2면홈)
Pine Wood x 4EA
70mm(2면홈)

자명종 시계

본문 250페이지

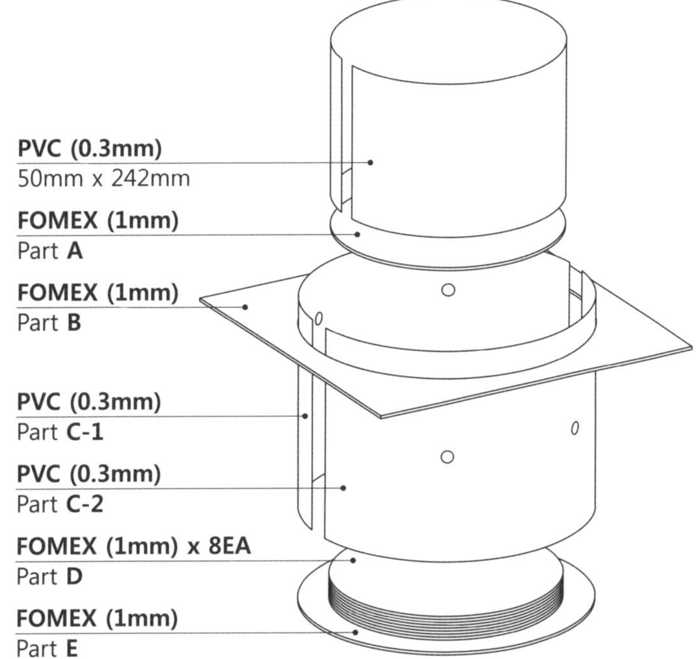

PVC (0.3mm)
50mm x 242mm
FOMEX (1mm)
Part A
FOMEX (1mm)
Part B
PVC (0.3mm)
Part C-1
PVC (0.3mm)
Part C-2
FOMEX (1mm) x 8EA
Part D
FOMEX (1mm)
Part E

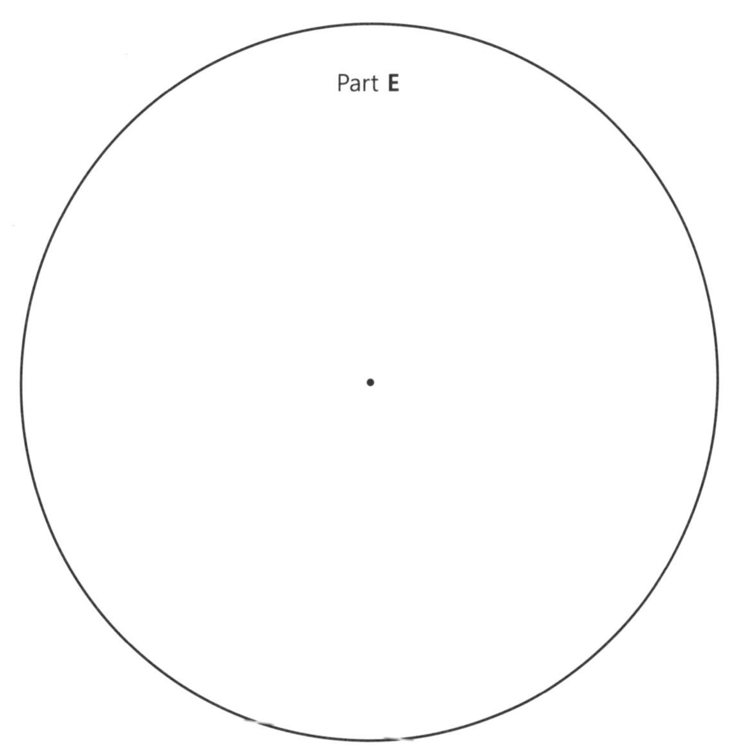

Part E

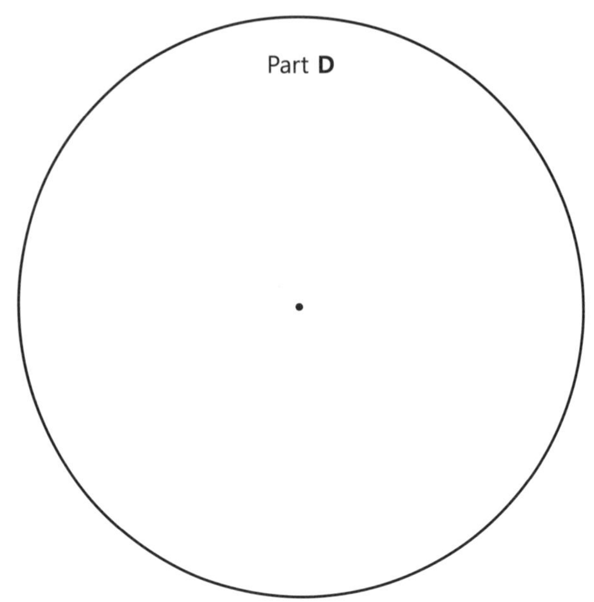

Part D

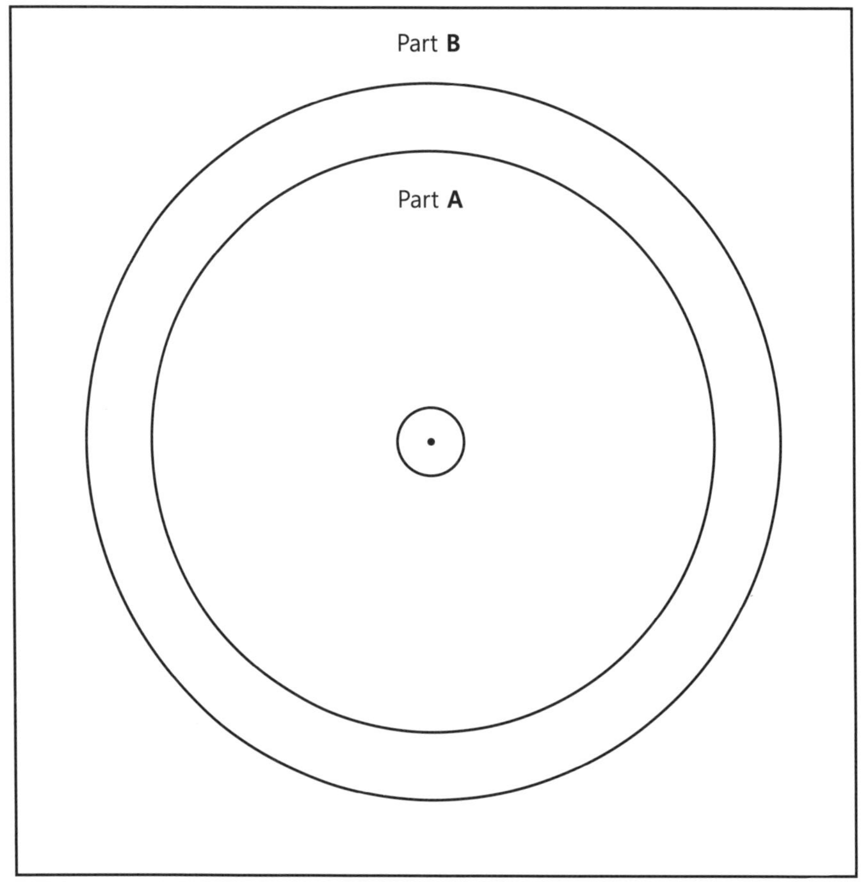

Part B
Part A

<table>
<tr>
<td>

Part **C-1**

○

○

</td>
<td>

Part **C-2**

○

○

</td>
</tr>
</table>

스탠드 조명
본문 258페이지

172
300
196
Aluminum x 4EA
Part C

Part A   Part B
45
30
30
320
195
30
30
170
20 30

Pine Wood x 2EA
Ø10mm(반원형) x 205mm
Pine Wood x 4EA
Ø10mm(반원형) x 97.5mm

Pine Wood x 2EA
Ø10mm(반원형) x 245mm
Pine Wood x 4EA
Ø10mm(반원형) x 117.5mm

Pine Wood x 2EA
Ø10mm(반원형) x 270mm
Pine Wood x 4EA
Ø10mm(반원형) x 130mm

Pine Wood x 4EA
Ø20mm(반원형) Part A
Pine Wood x 4EA
Ø20mm(반원형) Part B

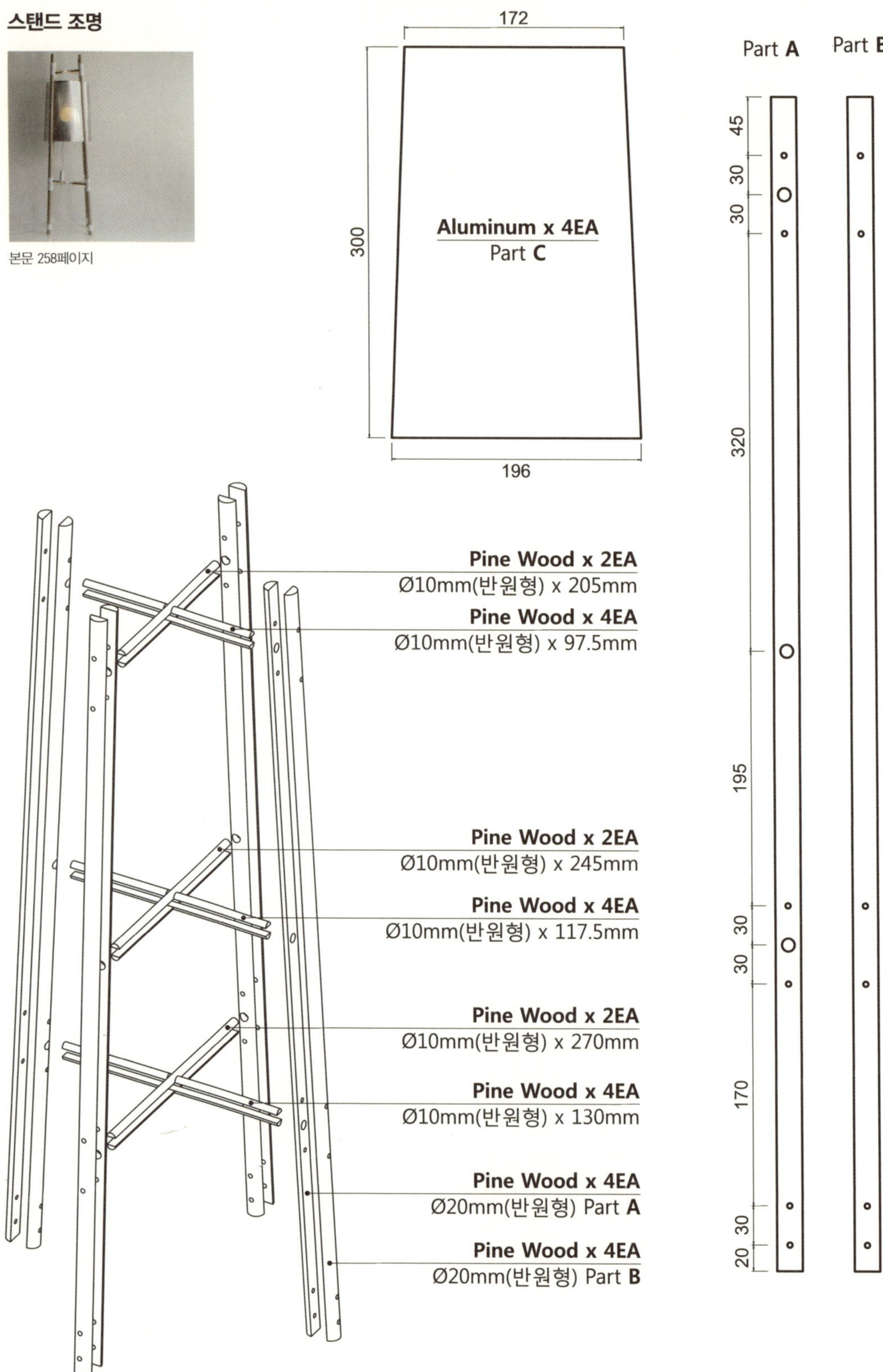